Ethik in der Nachhaltigkeitsforschung
Ethics of Sustainability Research

herausgegeben von der
Nachwuchsforschungsgruppe „Wissenschaftsethik der Forschung für Nachhaltige Entwicklung“

vertreten durch Dr. Simon Meisch

International Centre for Ethics in the Sciences and Humanities, University of Tübingen

Band 2

Leonie Bossert

Wildtierethik

Verpflichtungen gegenüber wildlebenden Tieren

Nomos

Die Deutsche Nationalbibliothek verzeichnet diese Publikation in der Deutschen Nationalbibliografie; detaillierte bibliografische Daten sind im Internet über http://dnb.d-nb.de abrufbar.

ISBN 978-3-8487-1693-7 (Print)
ISBN 978-3-8452-5747-1 (ePDF)

1. Auflage 2015

Danksagung

An dieser Stelle möchte ich besonders Konrad Ott und Lieske Voget-Kleschin danken für die anregenden Diskussionen und das konstruktive Feedback während der Entstehung dieser Arbeit. Für weitere Unterstützung danke ich herzlich meinen Eltern Stefanie Schäfer-Bossert und Jürgen Bossert, Tobias Klarmann und Ann-Kathrin Reimers. Darüber hinaus bin ich sehr dankbar, dass die Arbeit in die Reihe „Ethik in der Nachhaltigkeitsforschung" aufgenommen wurde und danke dafür Simon Meisch. Das Erscheinen in dieser Reihe ist mir wichtig, da meines Erachtens eine Verknüpfung der Diskurse um Nachhaltige Entwicklung und Tierethik von Bedeutung ist und weiter vorangetrieben werden muss. Nachhaltigkeit betrifft nicht nur den Menschen und somit sollte die Nachhaltigkeitsforschung über anthropozentrische Ansätze hinausgehen. Auch wirken sich ökonomische und ökologische Forderungen, die im Rahmen der Nachhaltigkeitsforschung gestellt werden, häufig auf (alle) nichtmenschlichen Tiere aus, so dass die Einbeziehung ihrer Interessen in diese Forschung und die darauf aufbauende Praxis aus meiner Sicht unumgänglich sind.

Inhaltsverzeichnis

1. Einführung 11

2. Sentientismus. Die Ansätze wichtiger VertreterInnen 15

2.1 Einführung zum Sentientismus 15

2.1.1 Klassisch sentientistische Positionen 16
2.1.2 Die Grenzziehung bei der Empfindungsfähigkeit 17
2.1.3 Gradueller und egalitärer Sentientismus 17
2.1.4 Positive und negative Pflichten 18

2.2 Der Utilitarismus in der Tierethik 19

2.2.1 Singers Theorie der gleichen Berücksichtigungswürdigung von Interessen 19
Personen und Nicht-Personen bei Singer 20
Kritik an Singers Theorie 22
Singers Position zum Arten- und Naturschutz 24

2.3 Moralische Rechte für Tiere 25

2.3.1 Regans Rechte-Ansatz 26
Regans Position zum Artenschutz und dem Intervenieren in Prädation 29
Kritik an Regans Theorie 31
2.3.2 DeGrazias weiter gefasste Tierrechts-Auffassung 33

2.4 Mitleid und Beziehung als Ethikgrundlagen 35

2.4.1 Schopenhauers Mitleidsethik 36
2.4.2 Die Fürsorgeethik 37
2.4.3 Wolfs Ethik der Mensch-Tier-Beziehung 42

3. Wildtierethik. Aktueller Stand der Diskussionen 49

3.1 Nussbaums Ausweitung des Fähigkeitenansatzes auf nichtmenschliche Tiere 50

3.1.1 Die moralische Relevanz der Spezies-Zugehörigkeit 54
3.1.2 Die Fähigkeiten-Liste für nichtmenschliche Tiere 55
3.1.3 ‚Vom Natürlichen hin zum Gerechten' als Ideal 60

3.1.4 Positive und negative Pflichten 63
3.1.5 Nussbaums Fähigkeitenansatz und die Prädation 67
3.1.6 Nussbaums Position zum Artenschutz 71
3.1.7 Konfliktfälle 71
3.1.8 Zusammenfassung 73

3.2 Palmers relationaler Ansatz der Kontexte 73

3.2.1 Vergleich zu ausschließlich an Eigenschaften orientierte Ansätzen 76
3.2.2 Die moralische Relevanz von Beziehungen 77
3.2.3 Das Verständnis von wildness und die Laizess-Faire-Intuition 79
3.2.4 Drei Formen der Laissez-Faire-Intuition 82
3.2.5 Hilfspflichten und die Kein-Kontakt Laissez-Faire-Intuition 85
3.2.6 Dependenz und Vulnerabilität 90
3.2.7 Wiedergutmachung vergangener Schädigungen 92
Fallbeispiel der Kojoten 95
3.2.8 Gruppenverantwortung und Freiwilligkeit 99
3.2.9 Konkrete Beispielfälle 103
Leiden in der freien Wildbahn 103
In der Kontaktzone: Blaumeisen, Elstern und Nachbars Katze 106
3.2.10 Kompatibilität mit Naturschutzethik-Theorien 111
3.2.11 Kritik und Weiterführung 112

3.3 Weitere Ansätze 118

3.3.1 Fixierung aufs Themenfeld Prädation 119
3.3.2 Positionen ähnlich Palmers relationalem Ansatz 120

4. Der Umgang mit invasiven Arten als konkreter Problemfall 127

4.1 Begrifflichkeiten und Definition 127

4.2 Positive und negative Auswirkungen 128

4.3 Erweiterte Anwendung Palmers Ansatz auf die Problematik der invasiven Arten 131

4.3.1 Anwendungsbereich 131
4.3.2 Anwendung 132

4.4 Fazit 142

5. Sentientistische Naturschutzethik 145

6. Literatur 149

1. Einführung

Haben wir Menschen ‚Tieren'[1] gegenüber moralische Pflichten oder gelten nur andere Menschen als moralisch berücksichtigungswürdig? Folgen aus Pflichten gegenüber ‚Tieren' auch Rechte für ‚Tiere'? Was bedeutet dies für die gängigen Praxen der landwirtschaftlichen Tierhaltung und des Tierversuchs? All dies wurde von PhilosophInnen in den letzten Jahrzehnten intensiv diskutiert (vgl. Kap. 2). Die zeitgenössische Tierethik ist vor allem als eine Reaktion auf den Umgang mit ‚Tieren', die von Menschen genutzt werden, entstanden. Was darüber vernachlässigt wurde, sind die Fragen, die sich auf die moralische Berücksichtigungswürdigkeit von ‚Tieren' in Bezug auf den menschlichen Umgang mit *wildlebenden* ‚Tieren' beziehen, ob dieser zwangsläufig der gleiche sein sollte wie mit domestizierten ‚Tieren' und ob Ungleichbehandlungen gerechtfertigt sein können oder einen Willkürakt darstellen. Diese Fragen sind im tierethischen Diskurs der jüngsten Zeit verstärkt aufgenommen worden und sie sind es, mit denen sich diese Arbeit auseinandersetzt.

Als erstes erfolgt eine Darstellung des Sentientismus, da die meisten tierethischen Positionen auf einer sentientistischen Position aufbauen, also allein empfindungsfähige ‚Tiere' als TrägerInnen eines Eigenwertes ansehen, der die Grundlage für eine direkte moralische Berücksichtigungswürdigkeit darstellt. Nur wenige tierethische Ansätze bauen auf einer zoozentrischen Position auf, wonach allen ‚Tieren' Eigenwert und somit direkte moralische Berücksichtigungswürdigkeit zukommt.[2] Im Folgenden werden die tierethischen Positionen dargestellt, die als ‚klassisch' angesehen werden können (der Utilitarismus, der Rechte-Ansatz und die Mitleidsethik) sowie kontextsensitive Ansätze wie die Fürsorge-Ethik und der auf

1 Der Begriff Tier ist problematisch und wird hier daher in Anführungszeichen gesetzt. Zur Erläuterung der Problematik s. Seite 6.

2 Eine zoozentrische Tierethikposition vertritt Rollin (2006, 99-130). Er kritisiert Empfindungsfähigkeit als Kriterium für direkte moralische Berücksichtigungswürdigkeit als unzureichend (ebd., 75), grenzt sich aber deutlich davon ab, Pflanzen direkt moralisch berücksichtigen zu müssen (ebd., 104). Für weitere Ausführungen zum Zoozentrismus als potentiell denkbare Antwort auf die Frage, welche Entitäten direkt moralisch berücksichtigungswürdig sind, s. Ott 2008, 54 und Ott 2010, 143-146.

Tier-Mensch-Beziehungen aufbauende neue Ansatz von Ursula Wolf (2012).

Die Frage nach dem moralisch richtigen Umgang mit wildlebenden ‚Tieren' wurde bereits in manche sentientistische Position aufgenommen. Kapitel 3 gibt einen Überblick über den aktuellen Stand der Diskussion. Besonderes Augenmerk liegt auf Martha Nussbaums (2010) Fähigkeitenansatz und seiner Ausdehnung auf ‚Tiere' sowie auf Clare Palmers Werk *Animal Ethics in Context* (2010). Wie zu zeigen ist, stellt Palmers Werk das bisher umfangreichste zur Frage des moralisch richtigen Umgangs mit wildlebenden ‚Tieren' dar. Palmers Ansatz sowie die nachfolgenden Überlegungen fokussieren auf *Hilfspflichten* (s.u. Kap. 2.1.4) gegenüber ‚Tieren'. Bestehen diese und wenn ja, bestehen sie allen ‚Tieren' gegenüber gleich? Ebenfalls gezeigt wird, dass auf einer kontextuellen Grundlage die unterschiedliche Behandlung domestizierter und wildlebender ‚Tiere' moralisch gerechtfertigt sein kann und Palmers Ansatz der erste zu sein scheint, der diese Ungleichbehandlung umfassend begründet. Kapitel 4 wendet Palmers relationalen Ansatz mit Erweiterungen auf den konkreten Problemfall der ‚invasiven Spezies' an. Diese Anwendung macht bereits sichtbar, was in Kapitel 5 ausgeführt wird: dass differenzierte und kontextsensitive Tierethik-Positionen die überzeugendsten Grundlagen für Naturschutztheorien bieten.[3] Eine Berücksichtigung von ‚Tieren' sollte folglich im Naturschutz sowie in allen anderen gesellschaftlich relevanten Gebieten, als unumgänglich angesehen werden.

Wer ist nun aber gemeint, wenn von ‚Tieren' die Rede ist? Hier wird inzwischen vieles hinterfragt, was einst selbstverständlich schien. Im Hintergrund steht die Erkenntnis, dass Sprache nicht einfach die Wirklichkeit beschreibt, sondern dass Sprache und Wirklichkeit in Wechselwirkung stehen und sich gegenseitig formen, und dass sprachliche Ausdrucksformen auf Wahrnehmung(smöglichkeiten) großen Einfluss nehmen können. Da Sprache besonders in einer Gesellschaft, die auf Kommunikation aufbaut, eine sehr wichtige Rolle spielt, wird im Folgenden der Begriff nichtmenschliche Tiere verwendet anstatt einen Sprachgebrauch zu reproduzieren, der als problematisch gesehen werden kann. Er verdeutlicht die evolutionsbiologische Nähe von *Homo sapiens* zu anderen Tieren, anstatt Menschen von den restlichen Tieren abzugrenzen. Nichtsdestotrotz bleibt eine

3 Die Verknüpfung zum Naturschutz erfolgt, da der Umgang mit sogenannten invasiven Spezies in den Handlungsbereich des Naturschutzes fällt.

eklatante Unschärfe im Begriff nichtmenschliches Tier, weil er so verschiedene Lebensformen wie einen Schwamm und einen Gorilla zusammenfasst. Für einen besseren Lesefluss wird davon abgesehen, jedes Mal statt ‚Tier' den Begriff nichtmenschliches empfindungsfähiges Tier zu verwenden, im Folgenden werden unter nichtmenschlichen Tieren ausschließlich die empfindungsfähigen unter ihnen besprochen. Sind nicht-empfindungsfähige Tiere gemeint, so wird das benannt.[4]

Einer weiteren Begriffserklärung bedarf die Verwendung der Bezeichnung Umweltethik/UmweltethikerIn bzw. Naturschutz/NaturschützerIn. Wie in Kapitel 5 aufgeführt wird, wurde eine Zeit lang eine Inkompatibilität zwischen ‚Umweltethik' und Tierethik angenommen. Im Englischen war und ist dabei von *environmental ethics* und *animal ethics* die Rede. Eine Übersetzung von *environmental ethics* mit Umweltethik ist unpassend, da mit den *environmental ethicists* von denen im Fall der angeblichen Inkompatibilität gesprochen wird, die EthikerInnen gemeint sind, die neben Individuen auch Ganzheiten wie Ökosystemen und Arten oder Prozessen wie der Evolution einen Eigenwert zuerkennen, zum Teil sogar einen, der den Eigenwert von Individuen zu trumpfen vermag. Die Umweltethik schließt jedoch sentientistische Positionen sowie anthropozentrische Umwelt-Theorien mit ein. Tierethik ist *eine* Umweltethik. Ebenso verhält es sich mit dem Begriff Naturschutz: „Terminologisch wird ‚Naturschutz' als Oberbegriff verwendet, der den Umweltschutz […], den Tierschutz […] und den Naturschutz im engeren Sinne […] umfasst." (Ott 2010, 10) *Environmental ethicists* wird hier daher mit holistischen UmweltethikerInnen übersetzt. Gemeint sind damit die EthikerInnen, die auch Ganzheiten einen Eigenwert zusprechen. Dasselbe gilt im Folgenden für den Gebrauch des Begriffes Naturschutzethik. Ist von Naturschutzethik

---

4 Um den kritisierten Mensch-Tier-Dualismus vollständig aufzuheben, müsste konsequenterweise statt Mensch der Begriff menschliches Tier verwendet werden. Davon wird im Bewusstsein der Problematik eines immer noch reproduzierten Mensch-Tier-Dualismus abgesehen, da diese Redeweise Gefahr läuft, als ‚Abstufung der Menschen' verstanden zu werden. Der Begriff ‚Wildtier' wird mit Ausnahme der Bezeichnung Wildtierethik gemieden, es ist stattdessen von wildlebenden Tieren die Rede. Wie auch die Begriffe ‚Nutz'-, ‚Haus'-, ‚Labor-', ‚Weidetier' etc. ist der Begriff ‚Wildtier' ein Konstrukt, welches es kritisch zu hinterfragen gilt. Die Bedeutung und Verwendung dieses Begriffes ist so vielschichtig und divers, dass sie einen eigenen Band füllen könnte. Um keinen fragwürdigen Sprachgebrauch zu reproduzieren, wird er hier daher durch wildlebendes Tier ersetzt. Eine Begriffserklärung von ‚wild' folgt in Kap. 3.2.3.

die Rede, so kann diese auch anthropozentrische und tierethische Positionen beinhalten, wird dagegen von holistischer Naturschutzethik gesprochen, beinhaltet dies nur Positionen, die auch Ganzheiten einen moralischen Eigenwert zuerkennen. Im Folgenden wird nun der Sentientismus erläutert, der sich von Ansätzen abgrenzt, die Ganzheiten als mit Eigenwert ausgestattet ansehen.

2. Sentientismus. Die Ansätze wichtiger VertreterInnen

2.1 *Einführung zum Sentientismus*

Bei Beschäftigung mit dem Thema Tierethik fällt sehr schnell auf, dass es *die* Tierethik nicht gibt. Es gibt viele verschiedene Herangehensweisen an die Thematik und die jeweilige Theorie hängt stark davon ab, welche (moral)philosophischen Positionen vertreten werden bzw. auf welche DenkerInnen sich berufen wird.

Da sich in der Tierethik in den letzten Jahren viel getan hat, die Ansätze von Peter Singer und Tom Regan, die als Begründer der zeitgenössischen Tierethik gelten, häufig kritisiert und weiterentwickelt wurden und es zahlreiche weitere Publikationen in diesem Bereich gibt, ist es oftmals schwierig zu sagen, ob eine Theorie noch dem Sentientismus zugeschrieben werden sollte oder nicht. Zudem ist dies von der Definition von Sentientismus abhängig. Beispielsweise legt die Fürsorgeethik den Fokus nicht auf das Kriterium der Empfindungsfähigkeit, sondern auf Beziehungen und Kontexte. Die Berufung auf eine spezielle Eigenschaft wird abgelehnt. Dennoch stehen auch hier die empfindungsfähigen nichtmenschlichen Tiere im Blickfeld, da selten die Rede von der Beziehung eines Regenwurms zum Menschen ist.[5] Zudem kritisierte Regan den Sentientismus, da Empfindungsfähigkeit seines Erachtens eine Vorbedingung dafür ist, dass etwas für ein Lebewesen gut oder schlecht sein kann (Wolf 2005, 55), für Regan wiederum ein Kriterium dafür, inhärenten Wert zu besitzen (s. Kap. 2.3.1). Da diesen Theorien dennoch gemein ist, dass sie sich für eine gesellschaftliche Besserstellung der empfindungsfähigen nichtmenschlichen Tiere einsetzen und sich vom Biozentrismus abgrenzen, der auch nicht-empfindungsfähigen Tieren sowie Pflanzen, Pilzen, Bakterien und Archaeen einen Eigenwert zuschreibt, werden diese Theorien im Folgenden unter Sentientismus zusammengefasst. Dabei darf die Komplexität und Vielfältigkeit der Begründungsansätze nicht übersehen werden. Der

---

5 Der Fürsorgeethiker Deane Curtin (1996, 65) vertritt die Meinung, man könne Fürsorge möglicherweise sogar Felsen zukommen lassen. Dennoch liegt das Hauptaugenmerk selbst dieses Autors in der Behandlung, die Menschen empfindungsfähigen nichtmenschlichen Tieren zukommen lassen.

Begriff Sentientismus beschreibt keine monolithische Denkschule, sondern soll vorliegend in erster Linie dazu dienen, eine Abgrenzung zu anthropozentrischen und biozentrischen Positionen deutlich zu machen. Das bedeutet jedoch nicht, dass sämtliche hier aufgeführten Theorien sich auf Empfindungsfähigkeit als *zentrales* Kriterium in ihrer Argumentationslinie zur Besserstellung der nichtmenschlichen Tiere berufen.

2.1.1 Klassisch sentientistische Positionen

Klassisch sentientistische Standpunkte (wie der Utilitarismus oder die Mitleidsethik) betrachten die Empfindungsfähigkeit als moralisch relevante Eigenschaft. Der Begriff leitet sich vom Lateinischen *sentire – fühlen* ab. *Fühlen* schließt sowohl das Erfahren von Schmerz und Leid als auch von Lust und Freude ein.

Die Empfindungsfähigkeit gilt als eben jene Fähigkeit, die nicht willkürlich gewählt ist wie Vernunft, Sprachbegabtheit (im Sinne einer menschlichen Sprache) oder ähnliches.[6] Sie ist die Eigenschaft, die moralisch relevant ist. Daraus folgt, dass Menschen, die moralisch agieren können, empfindungsfähigen Lebewesen gegenüber *direkte* Verpflichtungen haben, nicht nur indirekte.[7]

---

6 Zur Argumentation hierfür s. die in den Kapiteln 2.2, 2.3 und 2.4 genannten Werke sowie Boscardin/Bossert 2015.

7 Singer argumentiert, dass die Empfindungsfähigkeit notwendig und hinreichend ist, um Interessen zu haben (Singer 1996, 36 und Singer 1994, 85) und dass der Besitz von Interessen Voraussetzung für moralische Berücksichtigungswürdigkeit ist. DeGrazia begründet ähnlich „The reason for emphasizing sentience is that non–sentient beings – lacking any capacity to feel, think, or have any other mental states – are incapable of ever caring about how they are treated. It is therefore doubtful that they can be harmed or benefited in any *morally* important way." (DeGrazia 2002, 19, kursiv L.B.) Dass nicht *jede* Eigenschaft, die zur Abgrenzung moralisch direkt zu berücksichtigender Entitäten gegenüber moralisch nicht direkt zu berücksichtigender Entitäten dient, willkürlich ist (wie es gewisse Eigenschaften wie Geschlecht und Hautfarbe sind), führt auch Ott (2008) auf. Wolf (2012, 114) sieht den Kern der Moral in der Beachtung des Wohlbefindens eines jeden *fühlenden* Wesens. Pflanzen sind ihrer Ansicht nach nicht Gegenstand der Moral, da es ihnen nicht *subjektiv* gut oder schlecht gehen kann, sie nicht leiden und wollen können. Die AutorInnen, die hier nur als wenige von vielen Beispielen herangezogen werden, grenzen sich mit ihrer Argumentation vom Biozentrismus und somit auch vom Holismus ab. Wichtig ist dennoch zu bedenken, dass Empfindungsfähigkeit als Alleinstellungsmerkmal für direkte moralische Berücksichtigung in einigen Hinsich-

2.1.2 Die Grenzziehung bei der Empfindungsfähigkeit

Dies wirft die schwierige Frage der Grenzziehung auf. Welche ,Tiere' gelten als empfindungsfähig, welche nicht?

> We do not know at what point on the phylogenetic scale, or evolutionary tree, sentience disappears, being replaced by more primitive, non-conscious neural mechanisms. But [...] there is strong evidence that at least vertebrate animals are sentient and little or no evidence that the most primitive invertebrates are sentient. (DeGrazia 2002, 18-19)

Wie DeGrazia nahelegt, ist es sinnvoll, von einer starren Grenzziehung abzusehen, da dies in Anbetracht ungenauer und sich schnell ändernder Erkenntnisstände meist ohnehin nicht möglich ist. Stattdessen muss bei den jeweiligen Arten geprüft werden, ob man sicher sagen kann, dass sie empfindungsfähig sind oder nicht oder ob man es nicht weiß.[8] Einen weiteren wichtigen Punkt zeigt Rachels (2004, 162) auf: Die Frage nach der Grenzziehung beinhaltet nicht nur die Frage, bei welchen Arten eine Grenze gezogen wird, sondern auch, welche Verpflichtungen einzubeziehen sind. Dies wird in Kapitel 3.2 behandelt.

2.1.3 Gradueller und egalitärer Sentientismus

Innerhalb des Sentientismus wird unterschieden zwischen *graduellem* und *egalitärem* Sentientismus. VertreterInnen des *egalitären* Sentientismus gehen davon aus, dass allen Individuen, denen moralischer Status zukommt, dieser *gleich* zukommt und nicht auf Grund bestimmter Eigenschaften in unterschiedlichem Maße. Dies impliziert keine Gleichbehandlung aller Individuen. Aus der Sichtweise, dass moralischer Status nicht graduell vorliegt, kann Verschiedenes gefolgert werden. Die differenten Folgerungen sind, dass alle Lebewesen, denen moralischer Status zukommt,

---

ten zu kontraintiutiven Konsequenzen führen kann. So könnte man nichtmenschliche Tiere ohne Empfindungsfähigkeit züchten, diese so behandeln wie nichtmenschliche Tiere heutzutage vielerorts be- bzw. misshandelt werden und keinen moralischen Anstoß daran finden.

8 Ähnlich auch Rachels 2004, 172. Dass bisher zu wenig über das (bewusste) Schmerzempfinden nichtmenschlicher Tiere bekannt ist und hier noch viel Forschungsbedarf besteht (gleichzeitig aber die Frage aufkommt, ob diese Forschung ethisch überhaupt vertretbar ist, könnte sie doch sehr viel Schmerz verursachen), argumentiert Allen 2004.

1. das Anrecht auf die gleiche Berücksichtigung ihrer Interessen haben,
2. auf die gleiche Art und Weise behandelt werden sollen oder
3. der Wert ihres Lebens gleich ist.

Ein *gradualistischer* Sentientismus setzt Abstufungen voraus, mit denen manchen nichtmenschlichen Tieren ein höherer moralischer Status zugesprochen wird als anderen. Dies wird etwa über kognitive, emotionale und soziale Fähigkeiten und Komplexitäten begründet. Die Abnahme des moralischen Status geht einher mit der Abnahme der Komplexität der Organismen, so dass sie sich gewissermaßen am Stammbaum des Lebens orientiert.[9]

2.1.4 Positive und negative Pflichten

Da in Kapitel 3 die Frage nach der Unterscheidung positiver und negativer Pflichten eine wichtige Rolle spielt, sei an dieser Stelle das hier zugrunde gelegte Verständnis davon aufgeführt. Negative Pflichten werden häufig als Unterlassungspflichten bezeichnet, positive Pflichten als Hilfspflichten. Die Unterscheidung ‚etwas unterlassen zu sollen' gegenüber ‚etwas tun sollen' ist jedoch keine ausreichende Differenz zwischen positiven und negativen Pflichten, da sich begrifflich jedes ‚du sollst nicht' auch durch ein ‚du sollst' formulieren lässt (Singer 1965). Der wichtige Punkt in der Differenzierung ist, dass negative Pflichten bestimmt sind, d.h. es ist relativ klar, was zu tun bzw. zu lassen ist. Positive Pflichten hingegen sind unbestimmter Natur. Aus dem Wissen um eine bestehende Hilfspflicht gegenüber einem Individuum folgt nicht das Wissen, wie diese Hilfe konkret aussehen soll:

> Hilfspflichten erfordern vergleichsweise mehr Urteilskraft und Sinn für die Situation. Vielleicht ist es für P nicht ‚gut', wenn man ihm immer ‚aus der Patsche hilft'. (Ott 2005, 56)

Im Folgenden werden verschiedene Ansätze vorgestellt. Auf Grund der bereits angesprochenen Vielzahl an mehr oder minder stark divergierenden Ansätzen kann dies keine vollständige Darlegung aller Positionen

---

9 Das Konzept des Stammbaums des Lebens wird von manchen BiologInnen inzwischen als zu linear und hierarchisch kritisiert. Volker Sommer hält es für angemessener, von einem Netz des Lebens zu sprechen (Sommer 2012). Zu einer Kritik am graduellen Sentientismus s. DeGrazia 2002, 37 und Wolf 2008, 189.

sein. Es erfolgt eine Beschränkung auf die ‚klassischen' Positionen der Tierethik, denen jeweils eine Fülle an weiter ausdifferenzierten und zum Teil kontroversen Ansätzen gefolgt ist.

2.2 Der Utilitarismus in der Tierethik

Die utilitaristische Theorie spielt in der Tierethik eine wichtige Rolle, da der Utilitarismus nichtmenschliche Tiere schon früh in seine Fragestellungen einbezogen hat. Bereits Jeremy Bentham, der Begründer des Klassischen Utilitarismus, sprach sich für ein Umdenken im menschlichen Umgang mit nichtmenschlichen Tieren aus. Die Frage, ob Lebewesen Rechte erlangen sollten oder nicht, ist laut Bentham nicht abhängig davon, ob sie denken oder sprechen können, sondern ob sie leiden können.[10]

2.2.1 Singers Theorie der gleichen Berücksichtigungswürdigung von Interessen

Der bedeutendste Vertreter einer utilitaristisch begründeten Tierethik ist Peter Singer. Die drei wichtigsten Argumentationslinien seiner Theorie sind folgende:

1. Das entscheidende Kriterium ob ein Lebewesen direkt moralisch zu berücksichtigen ist, ist die Empfindungsfähigkeit, nicht irgendein anderes Kriterium wie Sprachfähigkeit oder Rationalität, welche klassischerweise oft aufgeführt und nur Menschen zugeschrieben wurden.
2. Einige adulte nichtmenschliche Tiere verfügen über mehr Selbstbewusstsein als manche Menschen (Kleinkinder, Menschen mit starken Beeinträchtigungen, komatöse und demenzkranke Menschen).
3. Die Unterdrückung der nichtmenschlichen Tiere läuft analog zu der Unterdrückung dunkelhäutiger Menschen und Frauen. Dies ist das be-

10 Bentham spricht hier zwar von Rechten, dies hat jedoch nichts gemein mit dem Rechte-Ansatz der Tierethik wie er beispielsweise von Tom Regan vertreten wird. (s.u. Kap. 2.3.1) Bentham befasst sich in seinem Argument „eher mit ‚Gleichheit' als mit ‚Rechten'" (Singer 1996, 37). Auch war Bentham ein „Verteidiger menschlicher Überlegenheit" (Singer 1986, 19).

kannte Speziesismus- Argument,[11] mit dem Singer verdeutlichen möchte, dass hinter der Unterdrückung Dunkelhäutiger, Frauen und nichtmenschlicher Tiere die gleichen Mechanismen stecken. „Die Rassisten verletzen das Prinzip der Gleichheit, indem sie in Interessenkonflikten zwischen Mitgliedern der eigenen und einer anderen Rasse die Interessen der Mitglieder ihrer eigenen Rasse stärker gewichten. Sexisten verletzen das Prinzip der Gleichheit, indem sie die Interessen des eigenen Geschlechts bevorzugen. Und genauso räumen Speziesisten den Interessen der eigenen Spezies Vorrang ein vor den *stärkeren* Interessen von Mitgliedern anderer Spezies. Das Muster ist in jedem dieser Fälle dasselbe." (Singer 1996, 38, kursiv L.B.)[12]

Ein sehr wichtiges Prinzip bei Singer ist das *Prinzip der gleichen Berücksichtigungswürdigkeit der Interessen*, welches besagt, dass die Interessen von Lebewesen, die direkt moralisch zu berücksichtigen sind, in gleichem Maße berücksichtigt werden müssen (s. z.B. Singer 1994, 83; Singer 2003, 57). Wichtig ist hierbei, dass er nicht argumentiert, das Leben einer Maus habe den gleichen Wert wie das Leben eines Menschen, sondern die Interessen der Maus müssen in gleichem Maße berücksichtigt werden, wie die des Menschen. Die Hervorhebung im obigen Zitat macht bereits deutlich, was Singer in einem anderen Zitat auf den Punkt bringt: „Das Prinzip der gleichen Interessenabwägung gestattet es nicht, größere Interessen für kleinere Interessen zu opfern" (Singer 1994, 91). Auch muss es sich um vergleichbare Interessen handeln, da eine Katze vermutlich kein Interesse an schulischer Bildung hat, dagegen aber ein Interesse an Schmerzfreiheit.

Personen und Nicht-Personen bei Singer

Ein weiterer wichtiger Punkt, der sich durch Singers Ethik zieht, ist die Unterscheidung zwischen Personen und Nicht-Personen. Die Frage, was

---

11 Der Begriff Speziesismus geht auf Richard Ryder zurück. Für den Originaltext, mit dem er 1970 den Begriff aufgebracht hat, s. Ryder 2010. Für ein (teilweise unreflektiertes) Verständnis der Unterscheidung zwischen metaphysischem und historischem Speziesismus s. Maurizi 2005.

12 Zum Zusammenhang von Sexismus und Speziesismus s. Adams 1996, 174 und ausführlich in Adams 2002. Der von Singer verwendete Begriff der ‚Rasse' ist auf Menschen bezogen wissenschaftlich falsch und perpetuiert bei Verwendung die Vorstellung der Existenz von menschlichen ‚Rassen'. Er wird hier lediglich (und mit Widerwillen) im Rahmen eines Originalzitates verwendet.

eine Person ausmacht und wie Personenstatus definiert werden soll, ist strittig. Singer versteht Personen als

> Wesen, welche die geistigen Voraussetzungen mitbringen, um ein solches Interesse, als Individuum am Leben zu sein, zu entwickeln; Personen verfügen, weil sie sich von anderen unterscheiden können und ein Zeitbewusstsein haben, über die minimalen geistigen Voraussetzungen, um die Option, weiterzuleben oder vorzeitig zu sterben, verstehen zu können. Sie haben ein Selbstbewusstsein. (Wolf 2005, 49; s. Singer 1994, 118-120)

Aus diesem Verständnis folgt, dass es sowohl menschliche Nicht-Personen als auch nichtmenschliche Personen gibt. Wichtig ist dies für die Frage der Bewertung des Tötens. Für Singer ist die Tötung einer Person schwerwiegender als die eines nichtpersonalen Wesens. Um dieses Argument zu stärken, führt Singer zusätzlich zum klassischen Utilitarismus, den er in *Animal Liberation. Die Befreiung der Tiere* (1996) noch uneingeschränkt vertreten hat, den Präferenz-Utilitarismus auf. Mit dem klassischen Utilitarismus ist nur indirekt zu begründen, dass das Töten einer Person schwerwiegender ist als das einer Nicht-Person. PräferenzutilitaristInnen dagegen bewerten die Tötung einer Person meist als schlimmer als die eines ‚nur' empfindungsfähigen Wesens. Gerechtfertigt wird das mit der Zukunftsorientiertheit der Präferenzen einer Person. Es ist Wolf (2005, 51) zuzustimmen, dass Singer in *Praktische Ethik* (1994) somit ein irritierendes Nebeneinander des klassischen Utilitarismus für nur empfindungsfähige Wesen und Präferenz-Utilitarismus für Personen vertritt. In neueren Werken hat er von diesem Nebeneinander Abstand genommen und vertritt einen reinen Präferenz-Utilitarismus (z.B. in Singer 2004, 80).

Aus der Annahme, dass das Töten einer Person schwerwiegender ist als das einer Nicht-Person sowie aus der obigen Definition von Person geht hervor, dass es unter bestimmten Umständen schlimmer sein könnte, einen Schimpansen zu töten als ein menschliches Kleinkind, welches auf Grund einer kognitiven Beeinträchtigung nie eine Person (im Singer'schen Sinne) sein kann. Menschenaffen, Walen und Delfinen wird nach Singers Definition ein Personen-Status zugeschrieben. Nach Singers Definition müsste ein solcher auch Elefanten zugesprochen werden, da diese sich im Spiegel selbst zu erkennen scheinen (Nussbaum 2011, 229). Für Schweine wird das Vorhandensein von Selbstbewusstsein ebenso diskutiert (Füßler 2012). Es ist auch hier nicht möglich, scharfe Grenzen zu ziehen. So schreibt Singer:

> Es ist offensichtlich schwierig festzustellen, wann ein anderes Wesen selbstbewusst ist. Aber angenommen, es ist falsch, eine Person zu töten, wenn wir

> es vermeiden können, und es besteht ein echter Zweifel, ob ein Wesen, das man zu töten gedenkt, eine Person ist, so sollten wir den Zweifel zugunsten dieses Lebewesens sprechen lassen. (Singer 1994, 158)

Daraus folgert er, dass die Tötung nichtmenschlicher Tiere zu einem großen Teil zu verurteilen sei. Und bei nichtmenschlichen Tieren, bei denen sicher davon ausgegangen werden kann, dass sie zwar Bewusstsein, jedoch kein Selbstbewusstsein haben,[13] ist aus utilitaristischer Sicht eine Tötung, die mit Schmerzen für das betroffene Individuum oder Leid anderer Individuen verbunden ist, in der Regel auch verwerflich.

Ein utilitaristisches Argument gegen das schmerzfreie Töten empfindungsfähiger Nicht-Personen, das auch keinen Verlust für andere bedeutet, ist schwieriger. Singer kommt zu dem Schluss,

> dass es unter gewissen Umständen – wenn Tiere ein lustvolles Leben haben, schmerzlos getötet werden, ihr Tod keine Leiden für andere Tiere bedeutet und das Töten des einen Tieres dessen Ersetzung durch ein anderes ermöglicht, das sonst nicht leben würde – kein Unrecht sein mag, nichtselbstbewusste Tiere zu töten. (ebd., 174)

Die Rede von moralischen Rechten erachtet Singer nicht als sinnvoll und zwischen ihm und Regan herrscht ein Disput darüber, ob eine Theorie der Individualrechte verteidigt werden kann, um für eine Besserstellung der nichtmenschlichen Tiere zu argumentieren oder nicht.[14]

Gemäß utilitaristischer Logik ergibt es Sinn, von Individualrechten abzusehen, da die Erhöhung des ‚Gesamtglücks' im klassischen Utilitarismus bzw. die Befriedigung möglichst vieler Präferenzen im Präferenzutilitarismus im Mittelpunkt steht.

Kritik an Singers Theorie

Die mangelnde Berücksichtigung einzelner Individuen, die in einer utilitaristischen Theorie zum Mittel für den Zweck anderer gemacht werden

---

13 Aussagekräftig ist, dass Singer als Beispiel hierfür Fische aufführt (Singer 1994, 159), nicht etwa im ‚Stammbaum des Lebens' als ‚niedriger' eingestufte Säugetiere. Singer geht also davon aus, dass Fische Bewusstsein haben, obwohl diesen bis vor nicht allzu langer Zeit häufig noch die Fähigkeit zur Schmerzempfindung abgesprochen wurde. Für ein (tier)philosophisches Werk, das sich speziell Fischen widmet, s. Wild 2012.

14 Singer hierzu z.B. Singer 1980 und Singer 1987. Regan kritisiert Singers Ansatz ausgiebig in Regan 2004, 211-228 und Regan 2001, 15-16.

können, ist auf heftige Kritik gestoßen. So kritisiert Regan (2007, 83): „Das beste Gesamtergebnis für alle Betroffenen ist nicht zwangsläufig das beste für jedes Individuum."

Ein wichtiger Kritikpunkt am *Präferenz*utilitarismus ist, dass um zum Ergebnis zu kommen, ob eine Handlung als moralisch haltbar angesehen werden kann oder nicht, *alle* Präferenzen berücksichtigt werden müssen. Im Falle einer Handlung, die die meisten moralischen AkteurInnen[15] intuitiv als verwerflich und moralisch falsch ansehen würden, bedeutet das, auch die Präferenzen der ‚ÜbeltäterInnen' einbeziehen zu müssen, da für UtilitaristInnen zu Beginn der Kalkulation noch nicht feststeht, ob die Handlung ein Übel war, weshalb auch die Ausführenden nicht als ‚ÜbeltäterInnen' bezeichnet werden können. Dies ist in vielen Fällen stark kontraintuitiv.[16] Dass auch allgemeine Fragen der Gerechtigkeit betroffen sind, lässt sich mit Nussbaum auf den Punkt bringen:

> Weil er [der Utilitarismus] auf die Maximierung der Summe aller relevanten Arten von Lust und Leid festgelegt ist, kann er Ergebnisse, die eine bestimmte Klasse oder Gruppe besonders hart treffen, nicht von vornherein ausschließen. (Nussbaum 2010, 465)

Nussbaum stellt fünf Punkte als besonders kritisch am Utilitarismus dar. So ist *erstens* das Verständnis von Lust ein zu homogenes, das nicht zwischen den immensen Unterschieden an Lustgefühlen differenziert, die auch abhängig sind von der Lustquelle. *Zweitens* ist Lust nicht das Einzige, was für das Leben nichtmenschlicher Tiere relevant ist. Im Gegenteil kann z.B. auch das Trauern um ein Jungtier für ein nichtmenschliches Tier Bedeutung haben. *Zum Dritten* können nichtmenschliche Tiere (wie auch Menschen) sogenannte adaptive Präferenzen ausbilden. So müssen nichtmenschliche Tiere kein Leid über das Fehlen bestimmter Möglichkeiten, die sie nie kennengelernt haben, empfinden. Somit stellt das Fehlen dieser

---

15 Moralische AkteurInnen (*moral agents*) können ihr Handeln und ihr Verhalten moralisch begründen und rechtfertigen. *Moral patients* sind Teil der moralischen Gemeinschaft und auch dann moralisch zu berücksichtigen, wenn sie nicht selbst zu moralischem Handeln fähig sind. Für eine kritische Betrachtung dieses Dualismus s. Bekoff/Pierce 2009, 144. Für eine Auseinandersetzung damit, ob nichtmenschliche Tiere *moral agents* sein können, s. Bossert 2015a.

16 Ob Intuitionen ausschlaggebend für eine Moraltheorie sein sollen oder nicht, ist umstritten. Dafür spricht sich z.B. Regan (2004, xviii-xxi) aus. Ott (2010, 127) argumentiert, dass Intuitionen zur „Ausrüstung" gehören „um ein reflexives Überlegungsgleichgewicht in unserem umweltethischen Überzeugungssystem zu erreichen." Da die Tierethik einen Teil der Umweltethik darstellt, gilt das auch für sie.

Möglichkeit für UtilitaristInnen kein Problem dar, selbst wenn anzunehmen ist, dass es dem nichtmenschlichen Tier besser gehen würde, könnte es die fehlende Möglichkeit ausleben. Ebenso wie Regan, U. Wolf und J.-C. Wolf kritisiert Nussbaum als *vierten Punkt* die mangelnde Berücksichtigung einzelner Individuen. Als *fünften Punkt* beanstandet sie die utilitaristische ‚Anfälligkeit' für Zahlen. Wenn es als Ziel gilt, insgesamt die größtmögliche Menge an Lust (oder Präferenzbefriedigung) zu erzeugen, so kann es gerechtfertigt sein, eine große Anzahl an Individuen zu erzeugen, welche ein miserables Leben führen, solange dieses Leben noch über dem Schwellenwert liegt, gar nicht lebenswert zu sein (Nussbaum 2011, 236-237).

Generell kann Singers wie auch Regans Konzeption vorgeworfen werden, zu vereinfacht und zu unterkomplex zu sein. Es werden abstrakte Prinzipien auf äußerst komplexe Situationen angewendet, ohne die Möglichkeit offen zu lassen, Kontexte und Faktoren, die Situationen so vielschichtig werden lassen, einzubeziehen.

Singers Position zum Arten- und Naturschutz

Es haben sich bereits Gründe gezeigt, weshalb der Utilitarismus und der Ansatz Singers nicht die überzeugendste Grundlage für eine sentientistische Wildtierethik bieten, dennoch sind Singers Argumente zur Thematik des Arten- und Naturschutzes erwähnenswert.

Singer grenzt sich mit seiner Kritik am Biozentrismus, dem Holismus und Ökozentrismus (Singer 2003, 60; Singer 1994, 351-354, 359-360) deutlich von Positionen ab, die nicht-empfindungsfähigen Lebewesen oder Ganzheiten wie Ökosystemen oder Arten einen intrinsischen Wert zusprechen. Er argumentiert gegen einen Artenschutz, der darauf aufbaut, Arten hätten einen Wert an sich (Singer 2003, 61-63). Er betont dabei, es komme ihm nicht darauf an, die Artenschutz-Bemühungen in schlechtes Licht zu stellen, sondern die Bedeutung zu stärken, die einzelnen Individuen zukommen sollte (ebd., 63). Da Ganzheiten kein intrinsischer Wert zugeschrieben werden kann, da sie keine Interessen im eigentlichen Sinne und kein Bewusstsein haben können, müssen Argumente, die für den Artenschutz angebracht werden, anthropozentrischer oder sentientistischer Natur sein. Wenn jedoch jeder Nutzen für Menschen oder nichtmenschliche Tiere außer Acht gelassen wird, ist die Tötung eines (vom Aussterben bedrohten) Blauwals nicht verwerflicher als die Tötung eines Pilotwals, das

Abschießen einer (vom Aussterben bedrohten) Lachseeschwalbe nicht verwerflicher als das Abschießen einer Stockente.

Singers (negative) Bewertung der sogenannten Pest-Kontrolle, bei der häufig empfindungsfähige nichtmenschliche Tiere wie z.B. Kaninchen als ‚Pest' angesehen und großflächig abgeschossen oder vergiftet werden sowie seine Forderung nach Alternativen wie Sterilisierung (ebd., 59), lassen sich derart interpretieren, dass er ähnlich argumentieren würde, wenn statt von ‚Pest' von ‚invasiven Arten' die Rede wäre.

Die Frage, ob TierethikerInnen dafür plädieren sollten, in Prädation (‚Beute-Machen') einzugreifen, beantwortet Singer wie folgt:

> Haben wir erst einmal unseren Anspruch auf „Herrschaft" über die anderen Spezies aufgegeben, dann sollten wir auch aufhören, überhaupt in ihr Leben einzugreifen. Wir sollten sie so weit wie möglich in Ruhe lassen. Wenn wir die Rolle des Tyrannen aufgeben, sollten wir hinterher nicht Gott spielen wollen. (Singer 1996, 361)[17]

Darüber hinaus urteilt er jedoch auch, dass „jeder Versuch, ökologische Systeme in großem Umfang zu verändern, weitaus mehr [schadet], als er nützt" (ebd., 362). Es bleibt die Frage, was einen *großen* Umfang ausmacht und wie es mit den kleinen Eingriffen aussieht, die nicht in Verdacht stehen, Auswirkung auf das Ökosystem zu haben.

2.3 Moralische Rechte für Tiere

Beim Tierrechtsansatz handelt es sich um eine Theorie, die nichtmenschlichen Tieren Individualrechte zuspricht.[18] Der bekannteste und am meisten

---

17 Diese Aussage lässt sich laut Palmer aus einer utilitaristischen Position nicht leicht rechtfertigen, da es keine Zone gibt, in der UtilitaristInnen davon befreit sind, nach den bestmöglichen Konsequenzen für alle empfindungsfähigen Wesen zu streben (Palmer 2010, 29). Für eine weitere Kritik an dieser Aussage Singers s. Fink 2005, 9-10.

18 Das Konzept der Individualrechte als moralische Rechte – im Kontrast zu den juridischen Rechten, die vom jeweiligen Gesetzgeber konzipiert werden – ist bereits im Bezug auf Menschen sehr umstritten. Auf die Diskussion darüber, ob das Konzept der moralischen Rechte angemessen ist, oder ob es, um es mit Benthams drastischen Worten zu sagen, „Nonsens auf Stelzen" ist (zitiert nach Regan 2004, 296, Übers. L.B.), kann hier aus Platzgründen nicht eingegangen werden. Im Folgenden sind mit Rechten immer moralische Rechte, keine juridischen Rechte, gemeint. Es gibt PhilosophInnen, die die Theorie der Individualrechte zwar für alle Menschen vertreten, jedoch der Auffassung sind, nichtmenschliche Tieren könnten keine

diskutierte Vertreter von Rechten für nichtmenschliche Tiere ist Tom Regan. Daher wird sich dieses Kapitel weitgehend auf seine Theorie beschränken. Kurz eingegangen wird auch auf den Ansatz von Tierrechten, wie David DeGrazia ihn in *Animal Rights. A Very Short Introduction* (2002) vorstellt, der aber den Begriff der Tierrechte wesentlich weiter fasst, als oben dargestellt. Weitere wichtige VertreterInnen von Tierrechten sind Gary Francione und Evelyn Pluhar, die beide wie Regan eine starke Auffassung von Tierrechten vertreten,[19] und Steve Sapontzis, der sich keiner systematischen Position zugehörig fühlt und den Rechtsbegriff eher pragmatisch verwendet, da er die von den TierbefreiungsanhängerInnen „angestrebte allgemeine und grundlegende Veränderung unserer Einstellung gegenüber dem moralischen und juridischen Status der Tiere genau zum Ausdruck bringt" (Sapontzis 2008, 73). Seines Erachtens lenkt die Debatte, ob nichtmenschliche Tiere Rechte besitzen können oder nicht, nur von den eigentlichen Problemen ab.

2.3.1 Regans Rechte-Ansatz

Die zentrale These Regans' Werk *The Case for Animal Rights* (2004) besagt, dass einigen nichtmenschlichen Tieren das grundlegende Recht auf respektvolle Behandlung (*basic right to respectful treatment*) zukommt. Dieses Recht leitet Regan aus dem Respekts-Prinzip ab: „We are to treat those individuals who have inherent value in ways that respect their inherent value." (Regan 2004, 248) Es bietet eine Interpretation dazu, was aus einem Prinzip der Gerechtigkeit folgen sollte. Das Gerechtigkeitsprinzip, welches erfordert, dass wir[20] jedem Individuum das geben, was diesem oder dieser zusteht, ist für Regan ein zentrales Element der Moral.

Die Rede ist hier von Individuen mit inhärentem Wert. Der Begriff des inhärenten Werts ist von allen anderen Werten, die einem Individuum zukommen können, zu unterscheiden, z.B. vom intrinsischen Wert. Letzterer

---

RechtsträgerInnen sein. Ein Verfechter von Menschenrechten, jedoch vehementer Gegner von Tierrechten ist Carl Cohen (2007). Für Kritik an Cohens Argumentation s. DeGrazia 2003.

19 Ihre Argumentationen für Tierrechte sind nachzulesen in Francione 2000 und Pluhar 1995.

20 Wer genau mit ‚wir' gemeint ist, geht aus Regans Ausführungen nicht hervor. Die Verfolgung dieser Frage würde zwangsläufig von der Moralphilosophie in die Politische Philosophie führen.

bezieht sich auf die Erfahrungen von Individuen, die ‚gut an sich' sind. So ist eine Genuss-Erfahrung ‚gut an sich'. Ein Leben, welches mehr Erfahrungen, die ‚gut an sich' sind, mit sich bringt als ein anderes, mag dann eine höhere Qualität haben. Jedoch hat das Lebewesen, welches dieses Leben führt, keinen höheren inhärenten Wert als jedes andere Wesen, das solch einen Wert besitzt. Inhärenter Wert ist nicht graduierbar, ein Wesen besitzt ihn oder besitzt ihn nicht, alle Individuen, die ihn besitzen, besitzen ihn gleichermaßen. BesitzerInnen dieses Wertes sind alle sogenannten Subjekte eines Lebens.

> Individuals are subjects-of-a-life if they have beliefs and desires; perception, memory, and a sense of the future, including their own future; an emotional life together with feelings of pleasure and pain; preference – and welfare – interests; the ability to initiate action in pursuit of their desires and goals; a psychophysical identity over time; and an individual welfare in the sense that their experiential life fares well or ill for them, logically independently of their utility for others and logically independently of their being the object of anyone else's interests. (ebd., 243)

Aus dieser Definition geht hervor, dass nicht alle empfindungsfähigen nichtmenschlichen Tiere Subjekte eines Lebens sind. Wo genau die Grenze zu ziehen ist, darauf kann Regan keine Antwort geben und vertritt die Meinung, diese Grenze könne nicht exakt gezogen werden. Er wählt eine konservative Art und Weise, um die Frage der Einbeziehung zu beantworten, indem er feststellt, wer *auf jeden Fall* Subjekt eines Lebens ist, was nicht bedeutet, dass *nur* diese Lebewesen es sind und sein können. Auf jeden Fall treffen die in der Definition festgelegten Eigenschaften auf alle ‚mental normalen' Säugetiere über einem Jahr zu (ebd., xvi).[21] Deshalb merkt Regan an, solange er nichts anderes schreibe, bezöge sich das Wort ‚Tier' auf eben solche „mental normale Säuger über einem Jahr". Er betont aber, dass Vögel und Fische auch als Subjekte eines Lebens in Betracht kommen könnten.

Subjekt eines Lebens zu sein, ist eine ausreichende Bedingung um inhärenten Wert zu besitzen, keine notwendige. Damit hält Regan die Mög-

21 Hieraus kann folgen, dass es nicht moralisch verwerflich sein muss, Neugeborene zu töten, was als durchaus problematische Implikation gesehen werden kann, die auch in Singers Position vorhanden ist. Auch werden die äußerst unterschiedlichen Entwicklungsgrade übersehen, die verschiedene Säugetiere nach einem Jahr erreicht haben. Man vergleiche beispielsweise eine ein Jahr alte Maus mit einem ein Jahr alten Elefanten. Die Maus hat nach diesem Jahr ungefähr die Hälfte ihrer natürlichen Lebensspanne erreicht, der Elefant dagegen ungefähr ein Siebtel.

lichkeit offen, auch anderen Individuen diesen Wert zuzuschreiben. Dies könnte besonders für Umweltethik-Konzeptionen interessant sein. Regan ist sich bewusst, dass seine Theorie nicht komplett sein kann und sieht in einer auf Rechte basierenden Ausarbeitung eines Umweltethik-Ansatzes einen Punkt, an dem sie unkomplett ist (ebd., 246).

Durch die Relevanz des Konzepts des inhärenten Wertes wird deutlich, dass Regan sich in der Tradition Kants befindet (obwohl in Kants Ethik nur indirekte Pflichten gegenüber nichtmenschlichen Tieren einen Platz finden). Regan betrachtet inhärenten Wert analog zu Kants Idee der selbstzweckhaften Existenz. Ebenfalls analog zu Kant bezieht Regan sich auf den Begriff der Autonomie, verwendet ihn aber weiter gefasst als sogenannte Präferenzautonomie. Individuen sind in seinem Sinn autonom, wenn sie Präferenzen haben und die Möglichkeit, so zu handeln, dass diese befriedigt werden.

Rechte konstituieren sich für Regan aus berechtigten Ansprüchen. Alle Individuen, die inhärenten Wert besitzen, haben einen berechtigten Anspruch auf respektvolle Behandlung. Dies ergibt sich aus dem Gerechtigkeitsprinzip. So folgt für Regan, dass alle Individuen, die inhärenten Wert besitzen, das Recht auf respektvolle Behandlung haben. Ein weiteres Recht stellt das prima facie Recht dar, kein Leid zugefügt zu bekommen („prima facie right not to be harmed“). Dieses Recht ergibt sich wiederum aus dem *harm principle,* welches ein Derivat des Respekt-Prinzips ist und bei Bestehen guter Gründen verletzt werden kann (ebd., 264; 328).

Aus der Überzeugung, dass alle ‚mental normalen‘ Säugetiere über einem Jahr ein Recht auf respektvolle Behandlung und prima facie das Recht darauf haben, dass ihnen kein Leid zugefügt wird, folgt für Regan die Ablehnung der landwirtschaftlichen Tierhaltung, von Tierversuchen, der Pelzindustrie und sonstigen Praktiken wie der Jagd. Die industrielle Haltung von Hühnern und anderen Vögeln sowie Versuche an bzw. die Jagd auf andere(n) nichtmenschliche(n) Tiere(n) als ‚mental normalen‘ Säugertieren über einem Jahr lehnt er ebenso ab. Er begründet das zum einen mit der Schwierigkeit bis Unmöglichkeit, die Grenze zwischen Subjekten eines Lebens und Nicht-Subjekten eines Lebens zu ziehen sowie zum anderen damit, dass durch diese Praktiken nichtmenschliche Tiere nach wie vor als lebendige, ‚erneuerbare‘ Ressourcen angesehen werden, was für ihn von Grund auf falsch ist.

Für die praktische Anwendung seiner Theorie sind zwei weitere Prinzipien wichtig, das *minimize overriding principle* (*miniride principle*) und das *worse-off-principle*. Diese beiden Prinzipien sind nur im Konfliktfall anzuwenden. Das *miniride principle* besagt, dass die Anzahl der Betroffenen in gewissen Fällen zu berücksichtigen ist, wenn die Schäden, die den Betroffenen zugefügt werden, gleich bzw. vergleichbar sind. Dem *worse-off-principle* zufolge darf die Anzahl der Betroffenen dann nicht zählen, wenn die Schäden, die der kleineren Anzahl zugefügt werden, schlimmer sind, als die, die der größeren Anzahl dadurch erspart bleibt. In so einem Fall sollte der größeren Anzahl das kleinere Übel zugefügt werden.[22] Ein typischer Fall, an den Regan gedacht haben könnte, sind tödliche Tierversuche um ein Mittel gegen Kopfschmerzen für Menschen zu entwickeln. Anzumerken ist, dass er beide Prinzipien mit dem Zusatz „special considerations aside“ relativiert. Ein solch spezieller Fall wäre z.B. die Involvierung von Familienmitgliedern. Damit gesteht Regan den (Tier)Ethik-Theorien, die Beziehungen und Kontexte in den Vordergrund stellen, eine gewisse Berechtigung ein.

Regans Position zum Artenschutz und dem Intervenieren in Prädation

Wie in Kapitel 3.2. dargestellt wird, können Hilfspflichten eine zentrale Rolle in einer Theorie spielen, die sich intensiv mit dem moralisch richtigen Umgang mit wildlebenden Tieren auseinandersetzt. Nach Regan ergeben sich Hilfspflichten nicht nur aus positiven Rechten, sondern auch aus negativen Rechten. Das bedeutet, dass der Besitz eines Rechts beinhaltet, dass einem Individuum beigestanden werden sollte, wenn jemand ein Recht dieses Individuums verletzt, vorausgesetzt die Verletzung dieses Rechtes ist ungerecht. Das Töten einer Gazelle durch einen Löwen mag unschön sein, ungerecht ist es laut Regan nicht, da nur sogenannte *moral agents* gerecht oder ungerecht handeln können in dem Sinn, dass sie Rechte verletzen, nicht aber sogenannte *moral patients* wie nichtmenschliche

22 Für eine starke Kritik an diesen beiden Prinzipien s. Jamieson 1990.

Prädatoren.[23] Statt des Eingreifens in Räuber-Beute-Beziehungen[24] sollten Menschen diesbezüglich nichts tun, da die Verpflichtung gegenüber wildlebenden Tieren ist, ‚sie sein zu lassen'. Das folgt daraus, dass wildlebende Tiere in der Regel keine menschliche Hilfe brauchen in ihrem Kampf ums Überleben (ebd., xxxvii). Dies ist jedoch mit Blick auf wildlebende Tiere, die mit dem Menschen in irgendeiner Art und Weise interagieren, ihren Lebensraum mit Menschen teilen (müssen) oder in der Vergangenheit stark vom Handeln des Menschen beeinflusst wurden, zu kurz gedacht und stark davon abhängig, wie wild definiert wird (s.u. Kap. 3.2).

Wie auch Singer verurteilt Regan eine moralische Höherbewertung der Individuen gefährdeter Arten gegenüber Individuen häufiger Arten (Regan 2003, 71). Ebenso wie Singer betont aber auch er, dass TierrechtlerInnen damit nicht zwangsläufig in Opposition zum Artenschutz stehen, sondern die Bemühungen, Arten zu schützen, ebenfalls befürworten können, wenn auch in anderen Begründungszusammenhängen.

---

23 Unter Prädator werden hier sogenannte Beutegreifer verstanden, die ihre Beute töten um sie zu verzehren. Ein weiteres Verständnis des Begriffes, das auch Weidegänger und Parasiten einschließt, die ihre ‚Beute' nicht töten, wird hier nicht vertreten.
Für Regans Widerlegung von Cohens Behauptung, ein Zebra habe kein Recht der Löwin gegenüber folge, es habe auch kein Recht Menschen gegenüber s. Regan 2001, 77-78. Jamieson wirft Regan vor, dass sich aus seinem Argument schließen ließe, man hätte keine moralische Verpflichtung, eine Wandererin vor einem herunterfallenden Felsbrocken zu warnen, da der Felsbrocken kein *moral agent* ist und daher nichts Ungerechtes geschieht, wenn die Wandererin durch ihn erschlagen wird (Jamieson 1990). Regan entgegnet, man sei der Wandererin das Warnen schuldig, nur aus anderen Gründen als aus Gründen der Gerechtigkeit und dass ihm keine plausible Moraltheorie bekannt sei, die in der Lage ist, exakt vorab festzulegen, wann, wo und wie jede_r seine_ihre Hilfspflichten erfüllen soll (Regan 2001, 51-52). Im jüngsten tierethischen Diskurs wird diskutiert, ob nichtmenschliche Tiere nicht auch zu moralischem Handeln fähig sind. Bei Bejahung dieser Frage müssten etliche auf Prädation bezogene tierethische Annahmen neu überdacht werden. Ob die Annahme von *moral agency* bei nichtmenschlichen Tieren sinnvoll und gut begründet ist, kann an dieser Stelle nicht ausgeführt werden. Für BefürworterInnen des *moral agency*-Konzepts für nichtmenschliche Tiere s. Bekoff/Pierce 2009. Für eine intensive Auseinandersetzung mit dieser Frage s. auch Bossert 2015a.

24 Der Begriff Räuber-Beute-Beziehung ist überwiegend ein ökologischer. Die Begriffe Raubtier und Beutetier werden hier verwendet, jedoch mit dem Wissen darum und Hinweis darauf, dass es konstruierte Begriffe sind, die kritisch zu betrachten und zu hinterfragen sind.

Kritik an Regans Theorie

Ein Kritikpunkt an Regan ist, dass er die einzelnen Individuen zu stark berücksichtige und ihre Anliegen deutlich über das Wohl von Gemeinschaften stelle. DeGrazia bezeichnet das als „hyperbolic protections of pure deontology“ (DeGrazia 2003, 294) und vertritt die Auffassung, dass Rechte nicht immer über Nutzen trumpfen sollten.[25] DeGrazia kritisiert zudem, dass Regans Konzept von *animal minds* empirisch nicht ausreichend verifiziert ist. Beispielsweise schreibt Regan allen Säugetieren und Vögeln introspektive Wahrnehmungen zu, wofür es keine ausreichenden empirischen Beweise gibt. Auch Palmer bemerkt, dass Regan bezüglich der Eigenschaften von Säugetieren sehr viel voraussetzt (Palmer 2010, 33).

U. Wolf und J.-C. Wolf bemängeln, dass weitgehend unklar bleibt, was der Begriff des inhärenten Werts genau umfassen soll und dass sich Regan (wie oben aufgeführt) in seiner Ausführung auf mentale Eigenschaften beruft, die aber unter den Individuen, die sie besitzen, nicht gleich verteilt sind. Wenn inhärenter Wert auf ungleich verteilten Eigenschaften basiert, warum sollte er selbst dann nicht auch ungleich verteilt vorliegen (Wolf 2005, 55; Wolf 2004, 41-42)? U. Wolf führt aus, die einzige Antwort darauf wäre, den Wert an die Präferenzautonomie zu knüpfen. Alle Subjekte eines Lebens besitzen diese ungradiert. Davon auszugehen, die Präferenzautonomie sei etwas absolut Wertvolles stellt allerdings eine metaphysische Prämisse dar, die man vertreten kann oder nicht, weshalb Regans Po-

25 Wobei sein Beispiel, man müsse eine Fußgängerin umhauen dürfen, um einen Mord zu verhindern (DeGrazia 2003, 694), unangebracht ist, um Regans Rechte-Ansatz zu kritisieren. Regan schreibt selbst, dass das Recht kein Leid zugefügt zu bekommen, ein prima facie Recht ist und mit guten Gründen außer Kraft gesetzt werden kann. Einen Mord zu verhindern ist ein guter Grund, der nicht im Zusammenhang mit Nutzen stehen muss, sondern das Recht des zu ermordenden Individuums auf respektvolle Behandlung schützt. Außerdem ergibt sich mit dem *miniride principle* eine Abweichung von typisch deontologischen Aussagen, dass *nie* ein Mensch geopfert werden darf um viele zu retten. Und auch wenn eine isolierte Betrachtung von Individuen unabhängig von Kontexten nicht ausreichend ist und darum zu recht kritisiert wird, so sollte dennoch nicht unterschätzt werden, dass ein großer Vorteil deontologischer Theorien der ist, dass sie begründen können, warum Individuen als Individuen zu berücksichtigen sind und nicht lediglich als Teil einer Gemeinschaft.

sition „auf ebenso schwankendem Boden wie diejenige Kants“ stünde (Wolf 2004, S. 42).[26]

Eine weitere Schwachstelle Regans Ansatz liegt im fragwürdigen Umgang mit Menschen, die in irgendeiner Art und Weise von der angeblichen Norm abweichen. Theoretisch ist es möglich, dass auch z.B. komatöse oder schwer(st)beeinträchtigte Menschen einen inhärenten Wert haben, da ‚Subjekt eines Lebens‘ zu sein nur eine ausreichende Bedingung für inhärenten Wert ist. Laut Regan ist aber unklar, mit welcher Begründung ihnen dieser inhärente Wert einleuchtend und nicht willkürlich zugesprochen werden könnte (Regan 2004, 246). Regan betont zwar, man müsse es vermeiden, doktrinär zu sein und dies stelle eine weitere Unvollständigkeit seiner Theorie dar. Dennoch sind die damit einhergehende Abwertung menschlichen Lebens, das von der angeblichen Norm abweicht sowie der Versuch einer Festlegung, was als ‚normaler‘ Mensch gilt,[27] äußerst problematisch.

Dies zeigt, dass der Rechte-Ansatz von Regan um einige Komponenten erweitert werden sollte, etwas das Regan nicht zwangsläufig widerspricht, da er des Öfteren betont, seine Theorie könne nicht vollständig sein. Der Rechte-Ansatz ist laut Palmer mit einer Einbeziehung von Beziehungen und Kontexten kompatibel (Palmer 2010, 34).

---

26 Regan selbst distanziert sich von sogenannten Letztbegründungen. Er möchte keine geben und geht auch nicht davon aus, dies zu können.

27 Was ist ein ‚normaler‘ und was ein von der angeblichen Norm abweichender Mensch? In der Tierethik sollte man sich mit diesen Fragen auseinandersetzen, da sie in einigen Tierethiktheorien eine Rolle spielen, wie z.B. bei Singer und Regan, aber auch in der von Wolf (2004) ausgearbeiteten Mitleidsethik, die sie inzwischen in der Form nicht mehr vertritt. Da solch eine Auseinandersetzung, die auch in die *Disability Studies* führt, für diese Arbeit zu umfangreich ist und die zentrale Frage dieser Arbeit eine andere ist, möchte ich nur darauf verweisen, dass hier ein Defizit vorliegt. Singers Annahmen bezüglich Menschen, die von der angeblichen Norm abweichen, sind äußerst strittig. Diese sollen hier jedoch nicht weiter ausgeführt werden, da dabei komplexe Fragen der (Medizin-)Ethik aufgeworfen werden, die ihrerseits Bücher füllen.

2.3.2 DeGrazias weiter gefasste Tierrechts-Auffassung

DeGrazias *Animal Rights. A Very Short Introduction* (2002) stellt eine gelungene Einführung in das Thema dar, daher wird hier kurz auf das dort vertretene, weiter gefasste Verständnis von Tierrechten eingegangen.

Dieses breitere Verständnis ist insofern sinnvoll, als es der Verwendung des Begriffs in der Praxis gerechter wird. Praktisch wird häufig von Tierrechten gesprochen, wo eigentlich von Tierschutz die Rede ist. Die Divergenz dieser beiden Begriffe wird, auch unter TierethikerInnen und aktiven TierrechtlerInnen, häufig nicht beachtet. Jenseits der Fachdiskurse ist sie vermutlich nicht einmal bekannt, weshalb die Rede von Tierrechten oft mit Tierschutz-Maßnahmen gleichgesetzt wird (Bossert 2014).[28]

DeGrazia unterscheidet drei Bedeutungen von Tierrechten, die unterschiedlich starke Implikationen in sich tragen:

1. Die Bedeutung des Moralischen Status
2. Die Bedeutung der gleichen Berücksichtigungswürdigkeit
3. Die Bedeutung des Trumpfs über Nutzen

VertreterInnen einer Rechte-Auffassung im Sinn von 1. verstehen unter ‚ein Individuum besitzt Rechte', dass dieses Individuum moralischen Status besitzt, also um ihrer_seiner selbst willen zu berücksichtigen ist. Ihr_ihm gegenüber bestehen nicht nur indirekte Pflichten, sondern auch direkte. Wer diese Position vertritt, kann der Meinung sein, Hunde haben Rechte, wie z.B. das Recht, nicht ohne guten Grund getötet zu werden oder leiden zu müssen, wobei die guten Gründe hierfür Auslegungsfragen sind und das finanzielle Interesse eines Pharmakonzern in dieser Position durchaus als guter Grund dienen kann (DeGrazia 2002, 15).

Im Sinn von 2. wird der Besitz von Rechten so begriffen, dass dieses Individuum gleiche Berücksichtigung verdient. Dieses Verständnis deckt sich mit Singers Prinzip der gleichen Berücksichtigungswürdigkeit von Interessen. Das Leiden eines nichtmenschlichen Tieres zählt gleich wie das Leiden eines Menschen, da das Interesse eines nichtmenschlichen Tieres, Leiden zu vermeiden, moralisch gleich bedeutend ist wie dasselbe Interesse eines Menschen.

---

28 Es gilt zwischen Tierschutz, Tierrechten und Tierbefreiung zu unterscheiden. Sowohl in der theoretischen Grundlage, als auch in den praktischen Forderungen unterscheiden diese sich (z.T stark). S. ausführlich hierzu Bossert 2014 und Bossert 2015b.

Wer Rechte im Sinn von 3. versteht, vertritt die Auffassung, die grundlegenden Interessen dieses Individuums sind auch dann zu schützen, wenn es für die Gesellschaft als Ganzes unvorteilhaft ist. Diese Auffassung von Rechten ist diejenige von Regan (und anderen). Sie wird als starke Tierrechts-Auffassung (*strong animal rights-view*) bezeichnet, womit deutlich wird, dass sie von den drei oben genannten die stärksten Implikationen beinhaltet.

DeGrazia selbst vertritt die zweite Position und verteidigt sie gegenüber Kritiken, indem er die bisher genannten Anfechtungen entkräftet.[29] Keine bisher genannte Kritik und keine Alternativkonzeption findet er ausreichend überzeugend. Die größte Herausforderung sieht er in der Frage der Hilfspflichten sowie in einer adäquaten Begründung dessen, dass es schlimmer sei, einen Menschen zu töten als ein nichtmenschliches Tier.

Die Auffassung, man habe Menschen gegenüber Hilfspflichten, die sich aus positiven Rechten ergeben, nichtmenschlichen Tieren gegenüber habe man dagegen keine oder nur wenige Hilfspflichten, ist mit der gleichen Berücksichtigung für DeGrazia durchaus kompatibel. Er formuliert folgendes Prinzip: "Make reasonable efforts to provide assistance *when assistance is likely to be genuinely helpful.*" (ebd., 32, kursiv im Original) Menschliche Eingriffe, um nichtmenschlichen Tieren zu helfen, schaden den nichtmenschlichen Tieren seines Erachtens jedoch vermutlich meist so sehr wie sie ihnen nützen.[30] Solch verallgemeinerte Aussagen sind, wie Palmer (2010, 81) betont, jedoch nicht möglich. Es sind Fälle denkbar, in denen menschliche Interventionen durchaus hilfreich für nichtmenschliche Tieren sein können, ganz besonders im Fall von Krankheiten und Katastrophen. Außerdem scheint DeGrazia dies nur auf wildlebende Tiere zu beziehen, weshalb die Frage offen bleibt, wie es um die Hilfspflichten gegenüber domestizierten Tieren und den Tieren beschaffen ist, die nur bei einer sehr weiten Definition von wildlebenden Tieren noch als solche angesehen werden würden.

---

29 DeGrazia 2002, 21-34. Für eine ausführlichere Darstellung seiner Auffassung von gleicher Berücksichtigungswürdigkeit nichtmenschlicher Tiere s. DeGrazia 1996, Kap.3.

30 Da Ökosysteme so komplex sind, ist es unwahrscheinlich, dass Menschen die Folgen des Eingriffs wirklich absehen können (DeGrazia 2002, 32-33). DeGrazia argumentiert hier gleich wie Singer. Diese Argumentation ist jedoch nicht wirklich befriedigend, da sie keine Antwort darauf gibt, ob es theoretisch, wenn man die Folgen mit Sicherheit überblicken könnte, moralisch geboten wäre, einzugreifen oder nicht. Für eine befriedigendere Antwort auf diese Frage s. Kap. 3.2.

Die aus der gleichen Berücksichtigung folgenden Forderungen implizieren weniger starke Änderungen als die starke Tierrechts-Auffassung. Dennoch sind sie verglichen mit dem Status Quo äußerst weitreichend.[31]

2.4 Mitleid und Beziehung als Ethikgrundlagen

Die Mitleids- sowie die Fürsorgeethik stellen eine vollkommen andere Herangehensweise an die Begründung moralischen Handelns dar. Sie unterscheiden sich stark von dem auf Nutzen- bzw. Präferenzerfüllungsmaximierung ausgelegten Utilitarismus und den deontologischen Positionen, die Individuen in der Regel auf Grund bestimmter Eigenschaften einen absoluten Wert zusprechen. Mitleids- bzw. FürsorgeethikerInnen kritisieren die rationale Herangehensweise an moralische Fragen und die damit häufig einhergehende Abwertung von Gefühlen oder die Ignoranz der Bedeutung von Beziehungen. Besonders feministische PhilosophInnen beanstanden den vorherrschenden Dualismus ‚Rationalität – Emotionen' sowie die Dualismen ‚Mensch – Tier' und ‚Kultur – Natur'.[32]

Da in der Mitleidsethik das Mitgefühl und Mitleid mit anderen Lebewesen die Kraft ist, aus der sich moralische Handlungen ergeben, sind nichtmenschliche Tiere sehr leicht einschließbar, weil sich Mitleid nicht auf Menschen reduziert. Für die moralische Berücksichtigung reicht es dann vollkommen aus, leidensfähig zu sein, es müssen keine anderen Eigen-

---

31 Landwirtschaftliche Tierhaltung ist laut DeGrazia moralisch falsch, wenn das Fleisch nicht zum Überleben benötigt wird (DeGrazia 2002, 38). Die moralische Rechtfertigung von Zoos wird nicht per se angezweifelt, dennoch wird deutlich, dass nach genauer Evaluation die wenigsten Zoos gerechtfertigt sind und auch an eine moralisch vertretbare Haustierhaltung werden sehr hohe Ansprüche gestellt. In der Praxis sind die größten Divergenzen im Problemfeld der Tierversuche zu finden. Hierzu s. DeGrazia 2002, 105-111.

32 Dies wird kritisiert als typisch männliche Denkweise und in der rationalen Herangehensweise an moralische Fragestellungen ein weiterer Punkt gesehen, an dem sich die patriarchalen Strukturen unserer Gesellschaft offenbaren. Die Abwertung von Emotionen als unbedeutend für Moraltheorien und gleichzeitige Zuschreibung als typisch weibliche Eigenschaft bedeutet zugleich eine Abwertung der Frau gegenüber des angeblich eher rational handelnden Mannes. Wenn jedoch Ansätze wie etliche der Fürsorgeethik die ‚weiblichen Emotionen' nur als moralisch relevant einfordern, nicht aber die geschlechtsspezifischen Zuordnungen hinterfragen, wird die Zuschreibung der Emotionen als typisch weiblich fixiert. Somit wird problematischerweise auch der genannte Dualismus gefestigt statt aufgehoben.

schaften herangezogen werden. Neben Schopenhauer, dessen Ansatz im Folgenden dargestellt wird (Kap. 2.4.1), und modernen feministischen AutorInnen, ist als bedeutender Gefühlsethiker David Hume zu nennen. Im deutschsprachigen Raum ist ein wichtiger Vertreter Jean-Claude Wolf, der zwar nicht als Mitleidsethiker ‚kategorisiert' werden kann (vertritt er doch in Wolf 2003 einen ethischen Egoismus), sich aber für eine Sympathieethik stark macht (Wolf 2009) und diese für die Tierethik aufwerten möchte, da er die Auffassung gewonnen hat: „Kalte Vernunft allein motiviert nicht zum Handeln." (ebd., 351)

Es existiert eine Debatte darüber, ob die Beziehungen zu nichtmenschlichen Tieren dergestalt sind, dass sich daraus eine Fürsorge-Beziehung aufbauen kann. Viele VertreterInnen gehen davon aus, dass dies der Fall ist und beziehen nichtmenschliche Tiere in ihre Theorien der Fürsorgeethik mit ein. Wichtige Punkte drei dieser Ansätze sollen im Folgenden umrissen werden.

2.4.1 Schopenhauers Mitleidsethik

In seinem Werk *Über die Grundlage der Moral* (1977 [1841]) entwirft Arthur Schopenhauer eine Moraltheorie, nach der nur und ausschließlich die Handlungen moralischen Wert haben, die aus Mitleid getätigt werden. Er kritisiert damit die Position Kants stark. Er wirft ihm u.a. Mangel an realem Gehalt vor, da sich die Moral mit dem tatsächlichen Handeln der Menschen auseinandersetzen muss und es „nicht mit apriorischem Kartenhäuserbau zu tun [hat], an dessen Ergebnisse sich im Ernste und Drange des Lebens kein Mensch kehren würde". (Schopenhauer 1977, 74)

Kants Moraltheorie kann die Menschen nicht motivieren, da nach Schopenhauers Erachten Kants Begriffe rein abstrakte Begriffe sind, folglich ohne realen Gehalt, und ohnehin ohne die theologischen Voraussetzungen, die ihnen zugrunde liegen, die Bedeutung verlieren. Schopenhauer selbst möchte eine Theorie aufstellen, die frei von allen metaphysischen Annahmen ist (ebd., 133). Die Motivation, die moralischen Handlungen zugrunde liegt, ist laut Schopenhauer das „Wohl und Wehe" anderer. Geht es um das eigene Wohl und Wehe, so ist das Motiv ein egoistisches und somit nicht moralisch, da Egoismus und moralischer Wert sich ausschließen. Das Wohl und Wehe anderer wird dadurch zum Motiv, da mit ihnen gefühlt bzw. Mitleid für sie empfunden wird.

> Dieses Mitleid ganz allein ist die wirkliche Basis aller freien Gerechtigkeit und aller echten Menschenliebe. Nur insofern eine Handlung aus ihm entsprungen ist, hat sie moralischen Wert: und jede aus irgendwelchen andern Motiven hervorgehende hat keinen. (ebd., 139)

Die Anteilnahme ist aber durchaus auf das Leiden beschränkt und wird nicht durch Wohlsein hervorgerufen. Als Maxime moralischer Handlungen und somit als oberster Grundsatz der Ethik formuliert Schopenhauer: *Neminem laede; immo omnes, quantum potes, juva.* (ebd., 143; Verletze niemanden, vielmehr hilf allen, soweit du kannst. [L.B.]) Ein wichtiger Punkt dieses Konzepts ist, dass nicht in jedem Fall Mitleid tatsächlich aufkommen muss, sondern es ausreichend ist, einmal zu der Erkenntnis zu kommen, was Leiden für andere bedeutet, um nach der Maxime zu handeln.

Die Einbeziehung der Tiere ist für Schopenhauer ein weiterer Grund, seine Theorie für die ‚echte', und wie er des Öfteren betont einzig wahre, Theorie zu halten, da für die Tiere „in den andern europäischen Moralsystemen so unverantwortlich schlecht gesorgt ist" (ebd., 169). Das Gleichartige zwischen Mensch und nichtmenschlichem Tier ist so zahlreich, dass auch gegenüber nichtmenschlichen Tieren eine Identifizierung stattfinden kann, so dass Mitleid mit ihnen möglich ist. Trotz dieses direkten Grunds nichtmenschliche Tiere als Teil der moralischen Gemeinschaft aufzufassen, schreibt Schopenhauer, Mitleid mit nichtmenschlichen Tieren hinge mit der Güte des Charakter zusammen und wer „gegen Tiere grausam ist, könne kein guter Mensch sein" (ebd., 173).

Einer der Kritikpunkte an Schopenhauers Mitleidsethik ist, dass sich mit ihr Fragen der Gerechtigkeit nicht hinreichend beantworten lassen (Wolf 2004, 57). Schopenhauer selbst bezeichnet den ersten Teil seiner Maxime (*neminem laede*) zwar als Grundsatz der Gerechtigkeit (Schopenhauer 1977, 144), ohne dies jedoch stichhaltig zu untermauern.

2.4.2 Die Fürsorgeethik

Die Fürsorgeethik entstammt einem feministischen Diskurs, der nicht nur die Stützung der Moral auf Rationalität kritisiert, sondern zudem die dahinterstehende Kultur, die als patriarchal identifiziert werden kann. Statt um universalisierbare Aussagen über Gerechtigkeit soll es um Aufmerksamkeit anderen gegenüber gehen.[33] Beziehungen, Kontexte und Lebensgeschichten spielen hier eine bedeutende Rolle um Antwort darauf geben zu können, was moralisch gerechtfertigt ist und was nicht. Die Interdependenz der Individuen soll betont werden, statt auf einzelne Individuen und deren Interessen bzw. Rechte zu fokussieren.

Die ‚klassische' Darstellung einer Fürsorgeethik hat Carol Gilligan in ihrem Buch *In a Different Voice* (1988) entworfen, worin sie zeigen möchte, dass die moralische Frage nicht aus miteinander in Konkurrenz stehenden Rechten entsteht, sondern aus Verantwortlichkeiten, die miteinander im Konflikt stehen.

Auf dieses Werk beruft sich auch Deane Curtin (1996), wenn er schreibt, es sei egal, ob nichtmenschliche Tiere Rechte haben oder nicht, da wir uns um sie sorgen können und dies auch tun, unabhängig davon, ob sie Rechte besitzen. Auch die Frage nach einem graduellen oder egalitären Sentientismus erübrigt sich, da die Fürsorge auf dem Entwickeln der Fürsorge-Fähigkeit basiert, nicht auf dem Kriterium der Gleichheit. Er distanziert sich entschieden von der Universalisierbarkeit einer Moraltheorie, da Moralität für ihn nicht von eben dieser abhängt, sondern von kontextuellen Beziehungen. Daher kommt er zu der Schlussfolgerung, die Gründe für einen moralischen Vegetarismus seien unterschiedlich, je nach Ort, Geschlecht und ‚Einordnung' in der Gesellschaft. Folglich kann es keine moralische Norm geben, die Fleisch zu essen unter allen Umständen verbietet. Auch als Vegetarier kann er nicht sagen, er würde niemals ein nichtmenschliches Tier für Nahrung töten, da er davon ausgeht, er würde dies tun um sein eigenes Kind vor dem Verhungern zu retten. „The point of a contextualist ethic is that one need not treat all interests equally as if one had no relationships to any of the parties." (ebd., 71) Dies spricht meines Erachtens allerdings nur dafür, Beziehungen als *ein* moralisches Kriterium *unter mehreren* gelten zu lassen, aber nicht dafür, es als ausschlaggebend zu betrachten. Sonst wäre es wohl moralisch gerechtfertigt, tödliche Versuche an anderen Kindern durchzuführen, um sein eigenes Kind zu retten. So schreibt auch U. Wolf (2004, 112): „Das Kriterium der Nähe ist viel-

---

33 Das Prinzip der Universalisierbarkeit geht auf Sidwick zurück, wurde aber erst durch Aufsätze von Hare und Singer breiter diskutiert (Schroth 2001). Eine häufig anzutreffende Formulierung des Prinzips lautet: „Wenn eine Handlung für eine Person moralisch richtig (falsch) ist, dann ist sie auch für jede andere relevant ähnliche Person in relevant ähnlichen Umständen moralisch richtig (falsch)." (Schroth 2001).

mehr ein Zusatzkriterium, das sinnvoll für Konfliktsituationen ist." Es kann also moralisch gerechtfertigt sein, in einer Konfliktsituation ein nichtmenschliches Tier zu töten, um das eigene Kind zu ernähren. Daraus folgt aber nicht, dass es in allen Situationen moralisch gerechtfertigt ist, die Interessen des eigenen Kindes a priori über die Interessen aller anderen InteressensträgerInnen zu stellen.

Ein relevanter Punkt in Curtins Argumentation ist, dass eine Fürsorgeethik in jedem Fall politisiert werden sollte, um ihren Missbrauch zu verhindern. In einer Gesellschaft, die Frauen unterdrückt, ist es nicht sinnvoll anzuregen, dass Frauen weiterhin selbstlos Fürsorge betreiben sollten, weil dadurch ihre politischen und moralischen Interessen privatisiert und feminisiert werden. „Die Aufforderung zur Fürsorge muss daher als Teil einer radikalen politischen Agenda verstanden werden." (ebd., 66, Übers. L.B.) Ähnlich schreibt auch Donovan (2008, 116), dass eine politische Fürsorgeethik im Unterschied zu einer bloßen Fürsorgeethik die zusätzliche Dimension enthält, den politischen und ökonomischen Kontext, in dem moralische Entscheidungen getroffen werden, zu beachten.

Ein weiterer zentraler Punkt wird von Brian Luke (1996) aufgebracht. Er schreibt, ihm gehe es nicht um einen Vergleich der Behandlung von Mensch und nichtmenschlichem Tier, sondern um das nichtmenschliche Tier an sich. Es gehe ihm um die Bedürfnisse und Notlagen der nichtmenschlichen Tiere, die für menschliche Zwecke missbraucht werden, nicht darum, dass Menschen anders behandelt werden. Er behauptet, seine Motivation entspringe direkt aus der Sympathie für die nichtmenschlichen Tiere und sei zudem unabhängig von der Frage, ob Menschen vor solchen Missbräuchen geschützt sind oder nicht (ebd., 82). Das weist insofern in eine aus tierethischer Sicht erwünschte Richtung, als dass es das nichtmenschliche Tier um ihrer_seiner selbst willen schätzt, ist so aber nicht haltbar, da Sympathie ohne eine gewisse Identifizierung mit dem_der SympathieträgerIn nicht entstehen kann. Er muss sich also in irgendeiner Art und Weise mit dem nichtmenschlichen Tier identifizieren, um Sympathie für dieses Individuum, und ganz besonders um Mitleid, empfinden zu können. Somit kann auch er das nichtmenschliche Tier nicht völlig losgelöst vom Menschen betrachten, da er selbst ein Mensch ist und müssen wohl Vergleiche mit dem menschlichen Organismus angestellt werden, um die Bedürfnisse anderer Säugetiere zu benennen. Folglich sind Singers und Regans Beharren darauf, dass Mensch und nichtmenschliches Tier einander in vielen Dingen sehr ähnlich sind und Ungleichbehandlungen ihres Erachtens also nicht gerechtfertigt sind, nicht unerheblich.

Die Frage nach dem nichtmenschlichen Tier ‚an sich' stellt ebenfalls, realistischer und pragmatischer, die feministische Juristin Catharine MacKinnon (2004). Sie sieht ebenfalls ein Problem darin, dass, um für eine Besserstellung zu argumentieren, die Nähe der unterdrückten Gruppe zu der unterdrückenden Gruppe betont wird, anstatt die Individuen einfach um dessen willen, was sie selbst sind, gut zu behandeln. MacKinnon betont, sie wolle damit diese Nähe, und den Besitz der Nähe ausmachenden Eigenschaften, nicht abstreiten. Vielmehr gehe es ihr darum zu fragen, warum nichtmenschliche Tiere wie Menschen sein müssen, um von ihnen nicht ausgebeutet und vor ihnen geschützt zu werden. „Warum sollten Tiere menschliche Standards für Menschlichkeit erfüllen, bevor ihre Existenz zählt?" (ebd., 267, Übers. L.B.)

Da z.B. Frauen mit Rechten zwar deutlich besser gestellt sind als ohne, diese Rechte trotzdem einen Großteil des täglichen Missbrauchs nicht verhindern können, sieht MacKinnon im Tierrechts-Ansatz den falschen Weg und plädiert für eine Änderung der Machtstruktur und für eine Stärkung der Fürsorge und Empathie. Wie sie Fürsorge(pflichten) und Empathie gegenüber nichtmenschlichen Tieren begründet, bleibt offen, und manches der Kritik an Lukes Ansatz könnte auch auf ihren zutreffen.

Die Widerlegung gängiger Einwände gegen die Mitleids- und Fürsorgeethik versucht Josephine Donovan mit ihrem Aufsatz *Aufmerksamkeit für das Leiden. Mitgefühl als Grundlage der moralischen Behandlung von Tieren* (2008).[34] Ein häufiger Einwand ist, Gefühle seien irrational, unberechenbar und unkontrollierbar, sodass Rationalität und Emotionen nicht vereinbar seien. MitgefühlstheoretikerInnen dagegen vertreten die Auffassung, das Empfinden von Mitgefühl sei sowohl eine komplexe intellektuelle als auch emotionale Handlung. Es gehe

> mit der Ausübung der moralischen Vorstellungskraft [einher], mit einer intensiven Aufmerksamkeit für die Realität eines Anderen, die sowohl eine ausgeprägte Beobachtungsgabe und ein starkes Konzentrationsvermögen als auch Bewertungs- und Urteilsfähigkeiten erfordert. […] Dies ist sowohl eine kognitive als auch eine emotionale Anstrengung. (ebd., 107-108)

34 Sie plädiert – auf Iris Murdoch zurückgehend – für eine Theorie „aufmerksamer Liebe" und sieht dies als „eine moralische Umorientierung, die verlangt, dass man sein Aufmerksamkeitsvermögen entwickelt" (Donovan 2008, 118). Dies gehe über eine bloße Respektierung von Rechten hinaus. Sie unterscheidet zwischen Empathie (Einfühlung bis zur Selbstaufgabe) und Sympathie (Mitgefühl aus Distanz), und gründet auf letztere. Dabei betont sie die Notwendigkeit von Urteilsfähigkeit. Faktisch wird dabei eine Fürsorgeethik entworfen.

Die Kritik, die Mitleids- und Fürsorgeethik sei nicht universalisierbar, weil sie kein Mittel bereithält, die individuellen Mitleids- und Fürsorgeempfindungen zu verallgemeinern, versucht sie damit zu entkräften, dass sie darlegt, Mitgefühl mit fremden Menschen sei durchaus möglich und trete oft auf. Wenn die Nachbarskinder in Not sind, dann fühle man mit ihnen und mache sich solche Sorgen um sie, dass man ihnen helfen würde. Damit kann sie den Kritikpunkt nicht entkräften, den z.B. Regan aufbringt, die Fürsorge der meisten Menschen sei auf „Heimtiere oder auf knuddelige oder seltene Exemplare wild lebender Tiere" beschränkt (Donovan 2008, 112). Kinder und ‚knuddelige Tiere' dürften, was das Auslösen von Emotionen betrifft, etwa auf einer Ebene stehen. Wenn es sich nun aber statt um Nachbarskinder um z.B. stark alkoholisierte Bedürftige handelt, könnte das Mitgefühl vieler Menschen durchaus weniger intensiv bis gar nicht auftreten. Somit ist J.-C. Wolf recht zu geben:

> Was wir nämlich mit den Mitteln der Sympathieethik nicht als gültig beweisen oder begründen können, ist der Satz: „Du sollst Sympathien haben mit diesem oder jenem Tier (oder Menschen). (Wolf 2009, 352)

Die Forderung, Menschen sollten Mitgefühl für alle anderen haben und ihnen Fürsorge entgegenbringen, führt Regan zur Konsequenz es müsse eine Norm entstehen wie ‚Verhalte dich fürsorglich gegenüber jeder und jedem'. Dies stellt eine abstrakte, universale und unparteiliche Norm dar wie die Normen, die von den FürsorgeethikerInnen so stark kritisiert werden (Regan 2001, 61-62).

Ähnlich wie Schopenhauer argumentiert Donovan, das Mitgefühl gehe der Gerechtigkeit voraus, so dass erst das Erleben von Mitgefühl existieren muss, bevor es zu Forderungen der Gerechtigkeit kommen kann: „In der Tat ist es das Mitgefühl, welches festlegt, wer unter den Schutz der Gerechtigkeit gestellt werden sollte." (Donovan 2008, 111) Dies ist nicht zwingend überzeugend, denn wenn man von universellen Normen wie oben beschrieben absehen möchte, muss man auch von Fällen ausgehen, in denen niemand mit einem Individuum mitfühlt. Wie käme dieses Individuum zu seinem Recht? Und würde diesem Individuum keine Ungerechtigkeit widerfahren, wenn man es (grundlos) schädigt?

Wie für die Mitleidsethik gilt auch für die Fürsorgeethik, dass Fragen der Gerechtigkeit nur unzulänglich beantwortet werden können. Luke

(1996) sieht darin zwar zumindest bezüglich des Tierbefreiungsgedanken[35] kein Problem. Seines Erachtens sollte dieser besser als Fürsorge-Angelegenheit anstatt als Frage der Gerechtigkeit angesehen werden. Eine Ethiktheorie sollte meines Erachtens allerdings sowohl befriedigende Antworten auf Fragen nach dem moralisch richtigen Umgang mit einzelnen Individuen geben, als auch auf weitreichende(re) Gerechtigkeitsfragen, weshalb die Unfähigkeit der Fürsorgeethik, Antworten auf Fragen der Gerechtigkeit zu geben, durchaus als kritisch zu bewerten ist.

Auch für Ursula Wolf hat sich die Mitleidsethik als unzureichend erwiesen. Ihrem neuesten, darüber hinausgehenden, Werk sei das nächste Kapitel zugewidmet.

2.4.3 Wolfs Ethik der Mensch-Tier-Beziehung

In ihrem Werk *Das Tier in der Moral* (2004) hatte Ursula Wolf eine Theorie der Mitleidsethik entworfen, in der sie beispielsweise argumentierte, Mitleid konstituiere moralische Rechte. Da sie diese Position in ihrem neuen Werk *Ethik der Mensch-Tier-Beziehung* (2012) und auch schon in dem von ihr herausgegebenen Sammelband *Texte zur Tierethik* (2008) nicht mehr vertritt, wird hier ausschließlich ihr in den beiden letztgenannten Werken weiterentwickelter Ansatz vorgestellt.

Die für die Tierethik zentrale Aussage ihres Werkes ist, dass aus unterschiedlichen Mensch-nichtmenschliches Tier-Beziehungen unterschiedliche Rechte und Verpflichtungen und unterschiedliche moralische Konzepte folgen. Die deutliche Erweiterung bzw. Verwerfung ihres Mitleidskonzeptes ist wohl u.a. auf ihr nun vertretenes Verständnis der Moral als mehrdimensional, komplex und multikriteriell zurückzuführen.[36]

Der Kern der Moral ist Wolfs Auffassung nach die Beachtung des Wohlbefindens eines jeden fühlenden Wesens. Objekte der Moral sind alle Individuen, die ein solches subjektives Wohlbefinden haben, und all diese

---

35 Für die Differenzen zwischen Tierschutz, Tierrechten und Tierbefreiung s. Bossert 2014 und Bossert 2015b.

36 Sie betont, dass die Moral an sich komplex ist, da sie sowohl Aspekte der Form, des Inhalts und der Motivation impliziert; dass der Inhalt der Moral komplex ist, weil er die Bereiche Leiden, Betätigung und Sozialität behandelt und dass die Beziehungen einzelner Individuen zueinander unterschiedliche Implikationen haben (Wolf 2012, 112).

sind das in gleichem Maße, das heißt der moralische Status ist nicht graduierbar. Die Theorie, die sie entwickelt, versteht sie als Tierrechts-Position ohne metaphysische Basis, die sie Regan vorwirft (vgl. Kap. 2.3.1). Wolf ‚verteidigt' also Rechte für nichtmenschliche Tiere, jedoch sind diese nicht das einzige für die Moral bedeutsame Konzept.

Sie unterscheidet zwei Grundformen der Mensch-nichtmenschliches Tier-Beziehung:

1. nichtmenschliche Tiere in der menschlichen Gemeinschaft
2. Mensch und nichtmenschliches Tier in der Natur

Unter den ersten Punkt fallen ‚Gefährten' (1.1) und sogenannte Nutztiere[37] (1.2), im zweiten Punkt unterscheidet sie die Formen:

- einseitige Beziehungen, in denen die eine Spezies die andere nutzt bzw. umgekehrt die eine für die andere eine Bedrohung darstellt (2.1)
- wechselseitige Beziehungen der Konkurrenz oder Kooperation (2.2)
- bloße Koexistenz auf der Erde ohne Berührung (2.3)

Für den moralisch richtigen Umgang mit ‚Gefährten' ist auf Grund der Tatsache, dass diese nicht in der Lage sind, für sich selbst zu sorgen,

> moralisch mehr gefordert als das, was die Moral der Beachtung des Wohlbefindens verlangt, die auf die Beziehung zwischen erwachsenen selbstständigen Wesen zugeschnitten ist und die negativen Pflichten betont. (Wolf 2012, 96)

Die Moral der gegenseitigen Rücksicht muss um eine Moral der *Fürsorge* und der *speziellen Verpflichtungen* erweitert werden. Letztere ergeben sich aus der persönlichen Bindung und der engen Interaktionen zwischen Mensch und nichtmenschlichem Gefährten.

Gegenüber sogenannten Nutztieren bestehen sowohl *negative Pflichten* des Nicht-Zufügens von Leiden, als auch *Fürsorgepflichten*, da die_der

37 Der äußerst problematische Begriff ‚Nutztier' wird hier nur verwendet, da Wolf (2012) ihn so verwendet. Es gilt, die Verwendung dieses Begriffes einzudämmen, selbst dann, wenn er als Konstrukt kenntlich gemacht wird. Er ist so problematisch, da er den Eindruck erweckt, diese nichtmenschlichen Tiere existieren gewissermaßen (nur) dafür ‚genutzt zu werden'. Das Attribut der Nutzung ist dabei keinem nichtmenschlichen Tier inhärent, sondern leitet sich lediglich aus der vom Menschen definierten Beziehung ab. Es wäre daher exakter von ‚nichtmenschlichen Tieren, welche zur Nutzung gehalten werden' zu sprechen, da hier der Mensch als kategorisierende_r AkteurIn deutlich(er) gemacht wird.

‚HalterIn' für die nichtmenschlichen Tiere verantwortlich ist und sie nicht für sich selbst sorgen können.

Unter „einseitige[n] Beziehungen, in denen die eine Spezies die andere nutzt bzw. umgekehrt die eine für die andere eine Bedrohung darstellt" versteht Wolf das Beute-Machen und den Parasitismus. Jagd unterliegt den moralischen Forderungen der Rücksicht auf alle empfindungsfähigen Individuen. Generell ist die *Rücksichtnahme* eine ausreichende Regelung des Verhaltens gegenüber freilebenden nichtmenschlichen Tieren, die vom Menschen genutzt werden (ebd., 102).

Die Nutzung freilebender nichtmenschlicher Tiere führt Wolf zu der Frage, ob schmerz- und leidfreies Töten nichtmenschlicher Tiere moralisch verwerflich ist oder nicht, einer Frage die auch schon für (1.1) und vor allem (1.2) relevant ist. In *Das Tier in der Moral* positioniert sie sich eindeutig und proklamiert, dass das Töten nichtmenschlicher Tiere auch dann nicht gerechtfertigt ist, wenn es angst- und schmerzlos vollzogen wird (Wolf 2004, 119). Nun argumentiert sie bei der Beantwortung dieser Frage in *Ethik der Mensch-Tier-Beziehung* auf nahezu die gleiche Weise unter Verwendung der gleichen Argumente.[38] So liegt es nahe, zum gleichen Schluss zu kommen: das Töten nichtmenschlicher Tiere ist auch dann nicht gerechtfertigt, wenn es angst- und schmerzlos passiert, auch wenn diese Schlussfolgerung im neuen Werk nicht übernommen wurde. Zwar schreibt Wolf (2012), dass „die moralische Bewertung des Tötens von Tieren nicht ganz eindeutig war" (ebd., 132), jedoch drängt sich die Frage auf, wie sie mit den genau gleichen Argumenten zu unterschiedlichen Ergebnissen kommen kann.

Ebenfalls unter (2.1) bearbeitet Wolf die Frage, ob gegenüber freilebenden nichtmenschlichen Tieren die Verpflichtung besteht, ihnen zu helfen, wenn sie Not leiden. Nach Wolf müssen in akuter, schwerer Not keine speziellen Beziehungen vorliegen, damit sich individuelle Pflichten ergeben, hierfür ist die reale räumliche Nähe ausreichend. So könnten individuelle Pflichten bei einer direkten Konfrontation mit einem wildlebenden

38 Sie begründet, dass die gängigen Argumente, die für ein Tötungsverbot aufgeführt werden, wie z.B. dass Selbstbewusstsein, Zukunftsbezug und das Entwerfen von Lebensplänen notwendig sind, damit der Tod ein Übel darstellt, schon für das Tötungsverbot von Personen nicht angebracht sind und daher als einzige brauchbare Grundlage des Tötungsverbotes das Weiterleben wollen (bzw. ein gewisser Zukunftsbezug, den sie aber auch einigen nichtmenschlichen Tieren zuspricht) dient (Wolf 2004, 116-120 und Wolf 2012, 120-124).

Tier für moralisch sinnvoll gehalten werden. Jedoch sind ‚wir' mit den unter der Verschlechterung und dem Verlust ihrer Habitate leidenden wildlebenden Tiere in der Regel nicht konfrontiert, so dass hier keine individuellen Pflichten gegeben seien.

Diese Argumentation kann als zu vereinfacht gesehen werden. Mit hungernden Kindern im globalen Süden besteht in der Regel auch keine Konfrontation, dennoch ist es nicht abwegig, dass ihnen gegenüber irgendwie geartete Verpflichtungen bestehen, da beispielsweise der Fleischkonsum im globalen Norden als einer von vielen Gründen für diesen Hunger gesehen werden kann, im globalen Norden also aus diversen Gründen eine Mitschuld an der Welternährungssituation gefunden werden kann (Singer 1996, 269). Differenzierter geht Palmer mit dieser Frage um, s.u. Kapitel 3.2.

In Bezug auf die Frage, ob man Prädatoren davon abhalten sollte, ihre Beute zu töten, argumentiert Wolf, dass auf der inhaltlichen Seite der Moral zwar die Idee besteht, nichtmenschliche Tiere hätten das moralische Recht auf die Grundbedingungen ihres Wohlbefindens, worin impliziert ist, dass manche nichtmenschliche Tiere das Recht haben, nicht getötet zu werden und alle empfindungsfähigen Tiere das Recht haben, dass ihnen kein Schmerz oder anderes Leid zugefügt wird. Auf der formellen Seite der Moral jedoch ergeben sich individuelle Pflichten nur, wo es eine oder ein moralische_r AkteurIn ist, die oder der das Wohlbefinden beeinträchtigt. Wie Regan vertritt Wolf die Auffassung, nur gegenüber moralischen AkteurInnen habe man moralische Ansprüche. Da sie, wie auch Regan, nichtmenschliche Tiere nicht als moralische AkteurInnen ansieht, müssen Prädatoren folglich nicht vom Töten ihrer Beute abgehalten werden.

Zudem bestehe kein Recht auf Freiheit von Leiden, dieses gehört zu jedem Leben dazu, weshalb Wolf Nussbaums Ideal ‚vom Natürlichen hin zum Gerechten' (s.u. Kap. 3.1) ablehnt. Sie teilt dagegen zentrale Punkte mit Palmer, die moralisch gerechtfertigte Unterscheidungen in der Behandlung von ‚Haus'- und wildlebenden Tieren annimmt auf Grund der unterschiedlichen Beziehungen, in denen diese zu Menschen stehen (s.u. Kap. 3.2).

Bei „wechselseitigen Beziehungen der Konkurrenz oder Kooperation", worunter typische Interessenkonflikte zwischen Menschen und Individuen anderer Arten fallen, ist das *Verbot der Leidenszufügung* ausreichend. Dieses hat im Unterschied zu (1.1) und (1.2) die Einschränkung, dass gewisse Leidenszufügungen unvermeidlich sind, wenn nicht auf die Befriedigung menschlicher Interessen verzichtet werden will. Die Interessen der nichtmenschlichen Tiere müssen aber laut Wolf auf faire Art und Weise in die Lösungsfindung einbezogen werden und zudem muss berücksichtigt werden, dass diese auf Grund von mangelndem Verständnis für die Situation meist zusätzliche Angst und Panik durchleben müssen.

Bezüglich „bloßer Koexistenz auf der Erde ohne Berührung" vertritt Wolf die Auffassung, dass wenn eine der beiden koexistierenden Spezies die menschliche ist, „aus einer solchen Nicht-Beziehung immer eine Beziehung werden" kann (ebd., 101). Da die weitere Ausbreitung und Entwicklung des Menschen nicht zurückgedreht werden können, stößt Wolfs Meinung nach die Moral bei den Auswirkungen der Zivilisation auf Tierindividuen an ihre Grenzen. Die Errichtung von Schutzgebieten, Fütterungen von hungernden wildlebenden Tieren und ähnliche Maßnahmen ändern nicht viel an der Gesamtsituation. Diese Grenze der Moral zeigt, „wie unrealistisch die Vorstellung einer Verantwortung für *das* Tier als Mitlebewesen ist" (ebd., 164, kursiv im Original). Sie sieht hier den *Affekt des Bedauerns* als angebracht. Es bestehen zwar keine individuellen Verpflichtungen, weder die der Rücksichtnahme noch die der Fürsorge, dafür ist es angemessen, Bedauern dafür zu empfinden, dass für nichtmenschliche Tiere Erfahrungen des Leidens durch Menschen verursacht werden.

Die Frage, ob das schmerzfreie Töten nichtmenschlicher Tiere gerechtfertigt ist oder nicht, beantwortet Wolf zwar nicht mehr mit einem Nein, sondern lässt sie mehr oder weniger offen. Sie hält es aber nach wie vor (wie auch in Wolf 2004) für denkbar, das Tötungsverbot auf einer noch schwächeren Grundlage als der des Weiter*leben* Wollens einzuführen, und zwar auf der Grundlage des Weiter*machen* Wollens. Als Folge müsste man

> allen Tieren, die sich bewusst-absichtlich verhalten können, ein moralisches Lebensrecht zusprechen […] Das aber können alle Tiere mit Ausnahme der primitiven Formen, so dass das Töten so gut wie aller Tiere ein moralisches Unrecht wäre. (Wolf 2012, 124)

Diese Position entspräche keiner sentientistischen mehr, vielmehr wäre es eine zoozentrische.

Ein großer Verdienst von Wolfs Theorie besteht darin, dass sie durch eine moralische Bedeutung von Beziehungen und Kontext, die allerdings nicht alleine ausschlaggebend sind – so gilt stets noch das moralische Gebot der Rücksichtnahme bzw. das Verbot der Leidenszufügung für alle moralisch direkt zu berücksichtigenden Individuen – der Komplexität ethischer Fragestellungen gerechter zu werden scheint als Theorien, die sich nur auf Beziehungen und Kontexte berufen, oder Theorien, die diesen jede moralische Relevanz absprechen.

Von allen in diesem Kapitel vorgestellten Ansätzen scheint Wolfs Ethik der Mensch-nichtmenschliches Tier-Beziehung die geeignetste Grundlage für die Fragestellung nach dem moralisch richtigen Umgang mit wildlebenden Tieren zu sein. Dennoch ist sie nicht vollkommen überzeugend, da durch die Unterscheidung ‚nichtmenschliche Tiere in der menschlichen Gesellschaft' und ‚nichtmenschliche Tiere in der Natur' die nichtmenschlichen Tiere in der sogenannten Kontaktzone (s.u. Kap. 3.2) nicht differenziert behandelt werden und ein Gebot der Rücksichtnahme, welches Wolf vom Verbot der Leidenszufügung differenziert, nicht ausreichend ist für den Umgang mit freilebenden Tieren, die vom Menschen genutzt werden.

Eine auf Regans Rechte-Ansatz (s.o. Kap 2.3) aufbauende Position zum moralisch richtigen Umgang mit wildlebenden Tieren stellt Kapitel 3.2 vor. Diese Erweiterung des Ansatzes von Regan wird wildlebenden Tieren besser gerecht als Regans bisheriges Konzept. Das folgende Kapitel gibt einen Überblick über den aktuellen Stand der Diskussionen zur Wildtiere-thik.

3. Wildtierethik. Aktueller Stand der Diskussionen

Dieses Kapitel gibt einen Überblick über die Ansätze, die sich mit der Frage nach dem moralisch richtigen Handeln gegenüber wildlebenden Tieren intensiver auseinandersetzen als die in Kapitel 2 dargestellten Positionen (mit Ausnahme von Wolf). Dass U. Wolf (2012) wildlebende Tiere als zentralen Bestandteil in ihr neues Werk zur Tierethik aufnimmt, während sie sich in *Das Tier in der Moral* (2004 [1990]) nur mit zwei Sätzen dazu äußerte, ist eines von vielen Beispielen dafür, dass die Frage nach dem moralisch richtigen Umgang mit wildlebenden Tieren in der Tierethik immer wichtiger wird. Es wurde erkannt, dass die ‚klassischen' Tierethikkonzepte für den Umgang mit domestizierten Tiere konzipiert wurden und Antworten auf die Frage des adäquaten Umgangs mit wildlebenden Tieren zu kurz gekommen sind, fehlen oder kontraintuitive Konsequenzen implizieren.

Eine Auseinandersetzung mit der Frage gab es früh nach Erscheinen der beiden wichtigen Werke von Singer (*Animal Liberation* 1996 [1975]) und Regan (*The Case for Animal Rights* 2004 [1983]), die als Auftaktwerke der zeitgenössischen Tierethikdebatte gelten. Diese Reaktionen befassten sich jedoch fast ausschließlich mit der Thematik der Prädation und wurden häufig angewendet, um die Tierethikpositionen ad absurdum zu führen (vgl. Kap. 3.3). Diese anfänglichen Auseinandersetzungen sind äußerst unbefriedigend. Zum damaligen Zeitpunkt war zwar keine umfassende Tierethikkonzeption ausgearbeitet, die sowohl für domestizierte, als auch für wildlebende Tiere befriedigende Antworten aufweisen konnte. Daraus zu schließen, die bis dahin vorgelegten Konzepte seien falsch (statt unvollständig) ist jedoch undifferenziert und verfehlt. Inzwischen liegen solche umfassenderen Tierethikpositionen vor. Das bezogen auf wildlebende Tiere und urbane Tiere umfassendste Werk stellt Clare Palmers *Animal Ethics in Context* (2010) dar, welches unter 3.2 ausführlich dargestellt und auf welches in Kapitel 4 Bezug genommen wird. Auch Martha Nussbaum hat mit der Ausweitung ihres Fähigkeitenansatzes die Tierethik um eine neue Dimension erweitert, die auch wildlebende Tiere gründlich betrachtet. Diese Ausweitung ist im Folgenden dargestellt.

3.1 Nussbaums Ausweitung des Fähigkeitenansatzes auf nichtmenschliche Tiere

In dem Werk *Frontiers of Justice: Disability, Nationality, Species Membership* (2006, dt. Erstauflage 2010) und auch schon im Beitrag *Beyond 'Compassion and Humanity': Justice for Nonhuman Animals* (2004) erweitert Martha Nussbaum ihren ab 1986 entwickelten Fähigkeitenansatz auf nichtmenschliche Tiere. Der Fähigkeitenansatz wird weltweit intensiv diskutiert und stellt eine wichtige Position der politischen Philosophie und Gerechtigkeitstheorie dar. Er geht nicht ausschließlich auf Nussbaum zurück, sondern ebenso auf Amartya Sen, wobei Nussbaum und Sen verschiedene Interpretationen des Fähigkeitenansatzes vertreten und unterschiedliche Verständnisse von Fähigkeiten haben (Voget-Kleschin 2012, 20). Im Folgenden wird allein auf Nussbaums Interpretation des Fähigkeitenansatzes Bezug genommen. Ebenso wird ausschließlich auf die Implikationen der Ausdehnung ihres Ansatzes für die Tierethik eingegangen. Die Konsequenzen ihres Ansatzes für Menschen und die sich anschließende Kritik bleibt hier unbehandelt.

Wichtig ist dabei, dass ihr Ansatz ein politischer ist und sie betont, sie habe nicht den Anspruch, eine umfassende Ethiktheorie darzustellen. Selbst als politisches Konzept sieht sie ihren Ansatz nicht als vollständig an. Nussbaum wählt diese Herangehensweise, um einen Ansatz zu schaffen, der konsensual von allen BürgerInnen vertreten werden kann, egal für welche metaphysischen Hintergründe sie einstehen. Der Fähigkeitenansatz ist eine Theorie, die Fragen der grundlegenden Gerechtigkeit und Ansprüche behandelt sowie zum Erstellen wesentlicher politischer Prinzipien dienen soll.

Dabei stellt Nussbaum Fähigkeiten in den Mittelpunkt, da ihrer Auffassung nach diese eine bessere Grundlage für die Beantwortung von Gerechtigkeitsfragen bieten als Metriken wie Wohlstand, Nutzen oder die Verteilung von Ressourcen (Nussbaum 2010, 386-387). Der Fähigkeitenansatz misst Gerechtigkeit daran, ob Individuen in der Lage sind, eine Reihe wesentlicher Fähigkeiten wahrzunehmen. Diese wesentlichen Fähigkeiten, die Nussbaum für zentral für ein gutes menschliches Leben hält, fasst sie in einer Fähigkeiten-Liste zusammen (ebd., 112-114). Mit Bezug auf jede dieser Fähigkeiten lässt sich ihrer Meinung nach zeigen, dass ein Leben ohne sie kein der Menschenwürde gemäßes Leben wäre. Für jede dieser Fähigkeiten muss ein Schwellenwert festgelegt werden, unter dem die Fähigkeit als nicht wahrnehmbar gilt. Dieser Schwellenwert stellt einen minimalen dar. Darüber, was die Gerechtigkeit bezüglich Ungleichheiten über dem Schwellenwert fordert, sagt der Fähigkeitenansatz nichts aus. Er stellt folglich keine vollständige Gerechtigkeitstheorie dar.

In Abgrenzung zu Rawls, mit dessen Theorie sie sich intensiv auseinandersetzt und der zwar direkte Pflichten gegenüber nichtmenschlichen Tieren anerkennt, diese jedoch nicht der Sphäre der Gerechtigkeit zurechnet, begründet Nussbaum, warum der Umgang mit anderen Tieren durchaus grundlegende Gerechtigkeitsfragen betrifft.

Nussbaum argumentiert, der Fähigkeitenansatz eigne sich aus zwei Gründen dafür, „Normen der Gerechtigkeit für das Verhältnis zwischen verschiedenen Spezies zu formulieren“ (ebd., 445). Zum einen, weil er die verschiedenen Arten von Würde nichtmenschlicher Tiere berücksichtigt sowie die für ihr Gedeihen nötigen Bedürfnisse, und zum anderen, weil er die Diversität verschiedener Aktivitäten und Ziele der einzelnen Tierindividuen anerkennt.[39] Der Fähigkeitenansatz behandelt nichtmenschliche Tiere als AkteurInnen, die nach einem guten Leben streben.

Das Ziel, das Nussbaum bezüglich der Mensch-nichtmenschliches Tier-Beziehung formuliert, ist folgendes: „Keinem Tier sollte die Chance, ein gedeihliches Leben zu führen, versagt sein und alle Tiere sollten gewisse Möglichkeiten für ein gedeihliches Leben haben.“ (Nussbaum 2004, 307, Übers. L.B.) Alle Individuen sollen als das, was sie sind, gedeihen können. Werden nichtmenschliche Tiere schlecht behandelt, dann ist das laut Nussbaum ihnen gegenüber falsch. Mit dieser Aussage beantwortet Nussbaum in allererster Linie die Frage, welche Entitäten zur Moralgemeinschaft zählen sollten, sentientistisch.

Für sie fallen nichtmenschliche Tiere auch in den Bereich der Gerechtigkeit. Dies ergibt sich für Nussbaum daraus, dass die Sphäre der Gerechtigkeit die Sphäre elementarer Ansprüche ist, und dass nichtmenschliche Tiere solche Ansprüche haben. Sie haben den moralischen Anspruch darauf, nicht schlecht behandelt zu werden. Folglich sind sie Subjekte (Subjekte der Gerechtigkeit) und nicht nur Objekte von Mitleid und Erbarmen, wie sie in Rawls’ Theorie verstanden werden.

Die Grenze bei der Bestimmung, welche nichtmenschlichen Tiere als solche Subjekte der Gerechtigkeit angesehen werden sollen, zieht Nuss-

39 Hier wird ein aristotelisches Element deutlich, welches für Nussbaums Ansatz zentral ist. Ebenso zentral ist aber auch das kantianische Element, jedes Individuum als selbstzweckhafte Existenz und niemals nur als Mittel zum Zweck anderer zu betrachten.

baum bei der Empfindungsfähigkeit. Zwar ist diese nicht der einzige Faktor, der für die Fragen nach Gerechtigkeit eine Rolle spielt, jedoch findet sie es plausibel, Empfindungsfähigkeit als Minimalbedingung dafür zu sehen, zur Gemeinschaft der Lebewesen dazuzugehören, die überhaupt gerechtigkeitsbasierte Ansprüche haben können. Gleichzeitig schreibt sie jedoch, sie sei der Ansicht, der Fähigkeitenansatz ließe sich auch auf Pflanzen und die Natur insgesamt ausweiten (Nussbaum 2010, 472). Dies ist problematisch und eine Begründung dafür steht aus.[40]

Die grundlegende moralische Intuition des Fähigkeitenansatzes betrifft nach Nussbaums Sichtweise die Würde eines Individuums, das durch Fähigkeiten und Bedürfnisse gekennzeichnet ist.

> Lebewesen als Subjekte der Gerechtigkeit zu verstehen führt daher zur Vorstellung einer Welt, in der es zahlreiche verschiedene Arten von Tieren gibt, die versuchen, ihr Leben zu leben, und in der ein jedes Leben seine Würde hat. (ebd., 484)

Hier bietet ihre Ausdehnung eine weitere ‚Angriffsfläche'. Der Begriff der Würde und eines würdevollen Gedeihens, was allen nichtmenschlichen Tieren gegeben sein soll, ist elementar für diese Erweiterung. Nussbaum betont zwar, dass ihr Verständnis von Würde ein aristotelisches,[41] kein

40 Nussbaum zitiert das Wunderbare und Bestaunenswerte, welches allen komplexen Lebensformen zugrunde liegt sowie das Staunen, in das man angesichts aller nichtmenschlicher Tiere und der biologischen Diversität verfällt (Nussbaum 2010, 472; 474). Dies bietet jedoch keine Grundlage für potentielle Begründungen einer Einbeziehung in Fragen der Gerechtigkeit. Hier begeht Nussbaum wohl den Fehler, aus einem Gefühl von Ehrfurcht oder Bewunderung gegenüber natürlichen Organismen oder ‚der Natur' heraus für direkte moralische Berücksichtigung bzw. eine Einbeziehung in eine Gerechtigkeitstheorie zu argumentieren. Dabei sollte bzw. kann diese Ehrfurcht oder Bewunderung lediglich als ein weiteres anthropozentrisches Argument für Organismen- oder Naturschutz gesehen werden. So schreibt auch Birnbacher (1991, 65), dass eine metaphysische naturphilosophische Aussage (als was das Bestaunenswerte der Natur bezeichnen werden kann) zwar als *ein* Grund herangezogen werden kann, nicht jedoch als hinreichende Grundlage eines moralischen Urteils – was ein Einbezug in Fragen der Gerechtigkeit darstellt – in Frage kommt. Nussbaums Rede vom Wunderbaren und Bestaunenswerten erinnert stark an Albert Schweitzers Prinzip der „Ehrfurcht vor dem Leben" (zitiert nach Ott 2010, 141), der als (u.a.) Theologe jedoch auf religiöse Prämissen aufbaut (Ott 2003, 135), auf denen Nussbaum nicht aufbauen kann, wenn ihr Ansatz metaphysikfrei bleiben soll.

41 Aristoteles selbst entwickelte keine Konzeption von Würde. In den Theorien der griechischen Antike findet sich der Menschenwürdebegriff nicht (Wachtendorf 2004, 15).

kantisches, ist, Vernunft und Animalität also eine Einheit bilden und somit die Menschenwürde nicht nur an der Rationalität festgemacht wird. Dennoch wird nicht klar, was sie unter Tierwürde versteht, da sie diese nicht definiert. Der Fähigkeitenansatz entdeckt laut Nussbaum in der Welt viele verschiedene Arten der tierlichen Würde,[42] was diese verschiedenen ‚Würden' ausmacht und was man sich darunter vorzustellen hat, wird jedoch nicht deutlich. In ihrem Werk formuliert Nussbaum (2004) einen Satz, der darauf schließen lässt, dass auch sie Tierwürde mit intrinsischem Wert gleichsetzt.[43] Die Rede von intrinsischem Wert scheint sie in *Die Grenzen der Gerechtigkeit* (2010) zu vermeiden, da sie, wie bereits erwähnt, eine politische Doktrin entwerfen will, keine umfassende ethische Konzeption, und daher die Idee des intrinsischen Wertes auf nicht-metaphysische und stattdessen intuitive Art und Weise ausdrücken möchte (Nussbaum 2011, 239).

Es ist meines Erachtens fraglich, ob viele Menschen die Intuition einer Tierwürde teilen und ob eine auf Tierwürde basierende Theorie metaphysikfreier ist als eine, die die Einbeziehung nichtmenschlicher Tiere in Gerechtigkeitsfragen ohne den Würdebegriff versucht. Zwar betont Nussbaum, sie behandle die Frage, ob Individuen verschiedener Spezies die gleiche Würde zukomme – etwas, das sie zu bejahen scheint (vgl. Nussbaum 2010, 517) – bezüglich nichtmenschlicher Tiere als metaphysische Frage. Sie sieht deren Beantwortung nicht als ausschlaggebend dafür an, ihren grundlegenden substantiellen Forderungen bezüglich der Ansprüche nichtmenschlicher Tiere zuzustimmen. Die Tatsache, dass nichtmenschlichen Tieren eine Würde zukommt, sieht Nussbaum jedoch offensichtlich nicht als metaphysisch an. Dass in ihrer Ausweitung ein derart strittiger Begriff wie der der Tierwürde von so zentraler Bedeutung ist, ist problematisch.

---

42 Hier wird Nussbaums Werte-Realismus deutlich. Ihrer Ansicht nach werden Werte vom Menschen nur entdeckt, nicht festgesetzt. Das Leben nichtmenschlicher Tiere wäre genauso wertvoll, wenn es keine Menschen gäbe, die diesen Wert entdecken könnten. Dieser Werte-Realismus ist strittig. Für eine kantianische Position, die nichtmenschlichen Tieren Werte zuschreibt, die ihnen ‚nur' zukommen, weil Menschen (als einzige SchöpferInnen von Werten) sich selbst Werte zuschreiben und es inkonsequent wäre, sie den uns so nahen nichtmenschlichen Tiere vorzuenthalten, s. Korsgaard 2004.

43 "More generally, he [Immanuel Kant, L.B.] cannot see that such a being can have dignity, an intrinsic worth." (Nussbaum 2004, 300.).

3.1.1 Die moralische Relevanz der Spezies-Zugehörigkeit

Ein wichtiger Unterschied zu den in Kapitel 2 vorgestellten Theorien ist der, dass für Nussbaum die Spezies-Zugehörigkeit moralische Relevanz hat. Sie verdeutlicht das mit einer Kritik daran, dass es äußerst unpassend ist, menschliche Kleinkinder und Menschen mit geringen kognitiven Fähigkeiten mit Affen zu vergleichen, wie es in tierethischen Argumentationen (v.a. utilitaristischen) häufig der Fall ist. Das Argument von Menschen, die von angeblichen Normen abweichen, ist zwar wichtig, um gegen eine ‚höhere' Stellung des Menschen auf Grund irgendwelcher Eigenschaften zu argumentieren, da jede Eigenschaft entweder nie von allen Menschen besessen wird oder aber, wenn alle Menschen sie besitzen, immer auch nichtmenschliche Tiere TrägerInnen dieser Eigenschaft sind. Nussbaum ist aber darin zuzustimmen, dass der Vergleich eines Menschen mit gering(er)en kognitiven Fähigkeiten mit einer Schimpansin unangebracht und äußerst problematisch ist (Nussbaum 2004, 309-310; dieselbe 2010, 266). Während die Schimpansin mit der kognitiven Befähigung, die sie besitzt, ein voll und ganz gedeihliches und gutes Leben in der Affen-Gemeinschaft führen kann, ist der Mensch mit gering(er)en kognitiven Fähigkeiten – dessen rationale Befähigung auf einer Ebene mit der der Schimpansin sein mag – darin eingeschränkt, solch ein gedeihliches Leben in einer menschlichen Gemeinschaft zu führen, wenn die Gemeinschaft nicht alles daran setzt, Möglichkeiten aufzubringen, wie dieser Mensch integriert werden kann. Dies ist nicht selbstverständlich, wie beispielsweise die Euthanasie-Programme der NationalsozialistInnen auf erschreckende Weise gezeigt haben, und muss Teil einer politischen Agenda sein. Nussbaum bringt es wie folgt auf den Punkt: "He [a child born with Down syndrome, L.B.] has no option of flourishing as a happy chimpanzee." (Nussbaum 2004, 310)

Daraus folgt für sie, dass nicht (nur) die Eigenschaft (im Besitz gewisser kognitiver Befähigungen zu sein) für Fragen der Gerechtigkeit moralisch relevant ist, sondern auch, welcher Spezies ein Individuum mit dieser Eigenschaft angehört. Nussbaum bezeichnet das als Spezies-Norm. Diese Norm soll deutlich machen, wo der angemessene Schwellenwert liegt, um sagen zu können, ob ein Lebewesen ausreichend Möglichkeiten hat, als das, was es ist, zu gedeihen.[44]

3.1.2 Die Fähigkeiten-Liste für nichtmenschliche Tiere

Zentral für Nussbaums Erweiterung des Fähigkeitenansatzes ist die Erstellung einer Fähigkeiten-Liste für nichtmenschliche Tiere. Sie orientiert sich dabei an den Fähigkeiten, die sie für Menschen als grundlegend empfindet, also an der Liste, die sie bereits für Menschen entworfen hat. Da sie die politischen Prinzipien noch nicht inhaltlich festlegen möchte, stellt die Liste allgemein gehaltene Prinzipien dar, die zur Orientierung bezüglich rechtlicher und politischer Fragen des Umgangs mit nichtmenschlichen Tieren dienen sollen. Die hier aufgeführten Fähigkeiten sind die, die Nussbaum für ein gedeihliches (und würdevolles) Leben nichtmenschlicher Tiere für essentiell hält. Wie bereits gezeigt, sind die Fähigkeiten, auf deren Wahrnehmung ein Anspruch besteht, speziesspezifisch. Die übergeordneten Kategorien dieser Liste sollen daher lediglich als Anleitung dienen, „auch wenn die konkreteren Spezifikationen jeder Fähigkeit letztendlich zu verschiedenen Listen führen würde“ (Nussbaum 2010, 529).

Im Folgenden soll diese Liste, Nussbaum entsprechend, dargestellt und die wichtigsten Aussagen zu den einzelnen Fähigkeiten kurz erläutert werden (nach Nussbaum 2010, 529-538). Im Anschluss an die Darlegung wird kritisch auf problematische Punkte eingegangen. Nussbaum versteht

---

44 Die Spezies-Norm hat bezogen auf Menschen auch fragwürdige Konsequenzen, jedenfalls in der Art, wie Nussbaum sie anwendet. So ist es ihrer Meinung nach dogmatische Starrheit, dass ‚wir‘ darauf bestehen, es bei einem Kind mit Anenzephalie mit einem Menschen zu tun zu haben (Nussbaum 2010, 260). Man könnte mit der Spezies-Norm zu dem Schluss kommen, dass es sich bei einem_r WachkomapatientIn nicht mehr um menschliches Leben handelt, weil alle Fähigkeiten, die einen Menschen ausmachen, nicht mehr vorhanden sind. Nussbaum scheint hier die Begriffe menschliches Wesen und personales Wesen nicht zu differenzieren (Konrad Ott, mündlich). Und ist darüber hinaus die sexuelle Misshandlung von WachkomapatientInnen oder Kindern mit Anenzephalie keine Frage der Gerechtigkeit? Ein Vergehen an vollkommen wehrlosen Individuen kann geradezu als Paradebeispiel von Ungerechtigkeit erscheinen. Ob man es als solche bewertet, hängt stark von der Definition von Gerechtigkeit ab, die man zugrunde legt. In jedem Fall stellt es ein moralisches Fehlverhalten dar und jede vertretbare Konzeption sollte es als solches erkennen.

die Liste als offen und jederzeit erweiterbar, sollten essentielle Fähigkeiten fehlen.

1. *Leben.* Alle nichtmenschlichen Tiere haben einen Anspruch weiterzuleben. Daraus folgt, dass sie einen Anspruch haben, nicht zum Zweck sportlicher Betätigung, für Luxusgüter oder in der Fleischindustrie getötet zu werden. Ein kluger und respektvoller Paternalismus spricht aber für die Euthanasie bei Tieren mit unbehandelbaren starken Schmerzen. Fälle der schmerzlosen Tötung zum Zweck der Ernährung oder der Populationskontrolle sind dagegen schwierig. Hier gilt es, ein Verbot jeglicher Formen der Tierquälerei anzustreben und von diesem aus auf einen weiteren Konsens hinzuarbeiten. Die schmerzlose Tötung eines nichtmenschlichen Tiers in der ‚Blüte seines Lebens' stellt aber dennoch eine Schädigung dar, weshalb Alternativen zur Tötung, wie etwa Sterilisierung, immer vorzuziehen sind.
2. *Körperliche Gesundheit.* Der Anspruch auf ein gesundes Leben ist ein wesentlicher Anspruch. Bei nichtmenschlichen Tieren in direkter menschlicher Kontrolle folgen daraus eindeutige politische und rechtliche Maßnahmen gegen quälerische Praktiken, wie sie häufig in der Landwirtschaft, den Laboratorien der Industrie oder Medizin, der Pelzzucht, in Zoos, Zoogeschäften oder Zirkussen anzufinden sind, und für angemessene Ernährung und Auslauf. Da den Menschen, in deren Obhut sich die nichtmenschlichen Tiere befinden, eine Art Vormundschaft zukommt, sollten sich Gesetze an der Verantwortung von Eltern ihren Kindern gegenüber orientieren.
3. *Körperliche Integrität.* Nichtmenschliche Tiere haben einen Anspruch darauf, in ihrer körperlichen Integrität nicht durch Gewaltanwendung, Missbrauch oder andere Schädigungsformen verletzt zu werden, unabhängig davon, ob diese Behandlung schmerzvoll ist oder nicht. Beim Menschen fällt laut Nussbaum unter diese Fähigkeit auch die Gelegenheit zur Fortpflanzung und sexuellen Befriedigung. Diese sind unter ansonsten gleichen Umständen auch bei nichtmenschlichen Tieren zu schützen, jedoch sieht sie die Kastration aggressiver männlicher Individuen bei nichtmenschlichen Tieren als akzeptabel an, die beim Menschen unangemessen ist. Ebenso beurteilt sie die Sterilisierung oder Kastration von nichtmenschlichen Tieren als akzeptabel, die das Leben der Betroffenen nicht so stark beeinflusst, den anderen Individuen der gleichen Spezies aber zukünftig ein besseres Leben ermöglicht, da Ressourcenknappheit oder Überbevölkerung verhindert wird. Das sieht Nussbaum nicht als bloße Instrumentalisierung an, da es mit

einem würdevollen Leben dieser nichtmenschlichen Tiere vereinbar sei.

4. *Sinne, Vorstellungskraft und Denken.* Hieraus folgt, dass nichtmenschliche Tiere die Möglichkeit zur freien Bewegung in Umgebungen bekommen sollten, die ihre Sinne ansprechen sowie die Gewährleistung ihrer Lustquellen. Auch sollten den nichtmenschlichen Tieren Entscheidungsmöglichkeiten zukommen. Wildlebende Tiere haben Anspruch auf eine Umwelt, in der sie typischerweise gedeihen, weshalb der Schutz dieser Fähigkeit den Schutz ihres Lebensraums erfordert.
5. *Gefühle.* Nichtmenschliche Tiere empfinden viele Gefühle, wie beispielsweise Angst, Wut, Verärgerung, Trauer, Dankbarkeit, Neid, Freude. Sie haben den Anspruch auf ein Leben, welches es ihnen ermöglicht, soziale Bindungen einzugehen und nicht in erzwungener Isolation leben zu müssen.
6. *Praktische Vernunft.* Hier gibt es für nichtmenschliche Tiere keine genaue Entsprechung des zentralen menschlichen Anspruches. Es muss in jedem Einzelfall gefragt werden, in welchem Maß das nichtmenschliche Tier dazu in der Lage ist, Ziele zu haben und sein Leben zu planen. Wenn diese Fähigkeit vorliegt, sollte sie mit Maßnahmen, die der vierten Fähigkeit entsprechen, gefördert werden.
7. *Zugehörigkeit.* Nichtmenschliche Tiere haben einen Anspruch darauf, die für sie charakteristischen Bindungen und Beziehungen eingehen zu können. Außerdem haben sie bezüglich der Beziehungen zu Menschen, sollten solche bestehen, den Anspruch auf lohnende und reziproke Beziehungen: „Die globale politische Kultur muss sie respektieren und als Wesen mit Würde behandeln." (ebd., 536) An dieser Stelle stellt Nussbaum die Frage, wie sich der Fähigkeitenansatz zu schädigendem Verhalten innerhalb einer Spezies verhält, da er nicht jede Weise der Zugehörigkeit schützt. Ihres Erachtens sind Menschen sowohl im Fall von ‚Haus'-, als auch von wildlebenden Tieren dazu verpflichtet, Vorfälle wie das Angegriffenwerden eines Jungtieres durch seine Eltern oder eine schlechte Behandlung alter Individuen zu verhindern. Direkt im Anschluss an dieses Argument bemerkt Nussbaum jedoch, dass Menschen nicht in solche Situationen eingreifen können, besonders nicht bei wildlebenden Tieren, ohne die Lebensökonomie der betroffenen Arten stark zu schädigen. Daraus folgt, „dass nur die schlimmsten Schädigungen der schwachen Mitglieder einer Spezies verhindert werden müssen" (ebd., 537), weniger schlimme Schädigungen aber toleriert werden können. Die Fähigkeiten eines Individuums,

die dem zu Grunde liegen, dass es anderen solchen Schaden zufügt, zählen jedoch nicht zu den zentralen Fähigkeiten nichtmenschlicher Tiere und sollten nicht geschützt werden.

8. *Andere Spezies.* Wie Menschen haben auch nichtmenschliche Tiere einen Anspruch darauf, in Beziehung zu anderen Spezies und dem Rest ‚der Natur' zu leben. Diese Fähigkeit erfordert „die allmähliche Verwirklichung einer interdependenten Welt, in der alle Spezies kooperative und wechselseitig unterstützende Beziehungen unterhalten" (ebd., 538). Da die Natur diesem Ideal nicht entspricht, ist laut Nussbaum eine „allmähliche Ersetzung des Natürlichen durch das Gerechte nötig" (ebd.).
9. *Spiel.* Nichtmenschlichen Tieren muss genügend Bewegungsfreiraum und eine Umwelt, in der ihre Sinne beansprucht werden, sowie der Kontakt mit ArtgenossInnen zukommen, damit diese Fähigkeit wahrgenommen werden kann.
10. *Kontrolle über die eigene Umwelt.* Bei dieser Fähigkeit unterscheidet Nussbaum eine politische und eine materielle Dimension. Die politische Dimension bedeutet in Bezug auf nichtmenschliche Tiere, dass sie Teil einer politischen Konzeption sein sollen, durch die ihnen Achtung und Gerechtigkeit versichert wird. Diese Konzeption soll ihnen auch ihre Ansprüche zusichern, selbst wenn sie diese, wie auch Kinder, nicht selbst einfordern können. Menschliche Vormunde sollen die Ansprüche gegebenenfalls vor Gericht einfordern können. Der materiellen Dimension entspricht, quasi analog zum Schutz von Eigentums- und ArbeitnehmerInnenrechten beim Menschen, die Achtung vor der Unversehrtheit ihres Lebensraums und, auf vom Menschen genutzte nichtmenschliche Tiere bezogen, das Recht auf ‚Arbeitsbedingungen', die mit ihrer Würde vereinbar sind.

Unter 1. (*Leben*) wird deutlich, dass Nussbaum hier eine graduell zoozentrische Position vertritt. Sie schreibt, *alle* nichtmenschlichen Tiere hätten einen Anspruch weiterzuleben, „unabhängig von einem entsprechenden bewussten Interesse" (Nussbaum 2010, 529). Dieser Anspruch sei im Fall von Insekten und anderen Tieren ohne Empfindungsfähigkeit weniger robust, eine unnötige Tötung dieser Tiere wäre dennoch falsch, und man sollte ihrer Ansicht nach in manchen Fällen sogar ein gesetzliches Verbot erwägen, so z.B. beim Töten von Schmetterlingen in Schulprojekten (ebd.).

Der ebenfalls unter 1. genannte „kluge und respektvolle Paternalismus" ist, wie einige Annahmen in dieser Liste, strittig. Es lässt sich zwar nicht abstreiten, dass eine gewisse Vormundschaft bezüglich nichtmenschlicher Tiere in vielen Fällen Sinn ergibt, wie das auch bezüglich Kindern der Fall ist (z.B. bei Klageprozessen oder einem unliebsamen Arztbesuch), dennoch besitzt das in den beiden Beispielen beschriebene „Handeln im Interesse eines anderen Individuum" eine andere Qualität, als wenn es um das – vermeintlich in ihrem_seinem Interesse stehende – Töten des Individuums geht, und sollte daher moralisch anders betrachtet werden. Ebenso stellt sich die Frage, ob man Euthanasie bei nichtmenschlichen Tieren zustimmen kann, ohne sie auch für Menschen zu fordern und wie das gegebenenfalls zu begründen wäre. Diese beiden Fragen führen über den Umfang dieser Arbeit hinaus.

Die unter 3. (*Körperliche Integrität*) genannte Differenzierung, dass es bei nichtmenschlichen Tieren vertretbar sei, Individuen zu kastrieren/sterilisieren um Überbevölkerung abzuwenden, bei Menschen dagegen nicht, entspricht vermutlich der Intuition vieler Menschen, eine Begründung, warum solch eine Unterscheidung moralisch gerechtfertigt ist, wäre dennoch wünschenswert. Nussbaum begründet es nicht explizit.

Unter 5. (*Gefühle*) zeigt sich, dass Nussbaum eine anspruchsvolle Sichtweise der Eigenschaften nichtmenschlicher Tiere vertritt. Es bestehen ausreichend empirische Belege dafür, dass diese Eigenschaften sozial lebenden Säugetieren zukommen, bei anderen nichtmenschlichen Tieren stehen solche empirischen Nachweise dagegen überwiegend noch aus. Zusätzlich zu den hier genannten Emotionen geht Nussbaum davon aus, dass manche nichtmenschlichen Tiere Scham und Verlegenheit empfinden können. Auch wenn das sympathisch erscheint, muss doch eingestanden werden, dass es umstritten ist, ob nichtmenschliche Tiere diese Eigenschaften tatsächlich besitzen (vgl. Palmer 2010, 11).

An dieser Liste lässt sich zudem kritisieren, dass sie dafür, dass sie von allen Menschen jedweder Überzeugung und aus jedwedem sozialen Kontext potentiell angenommen werden können sollte, doch recht konkret scheint. Gegen diese Kritik will Nussbaum angehen, indem sie betont, ihre Liste sei unabgeschlossen und sollte ständiger Revision und Reflexion unterworfen sein.

Die politische Dimension in Nussbaums Ansatz wird daran deutlich, dass sie in Bezug auf die Liste dafür plädiert, den Schutz tierlicher Ansprüche auf eine angemessene Gesetzgebung sowie eine funktionierende Rechtsprechung zu stellen:

> Wenn wir Tieren tatsächlich Ansprüche zugestehen, dann bringen wir sie damit in die Position (vermittelt über einen Interessenvertreter), vor Gericht zu ziehen, wozu sie gegenwärtig kein Recht haben. (ebd., 539)

Diese Forderung entspricht z.B. der Forderung nach einem Verbandsklagerecht für Tierschutzverbände, wie sie von TierschützerInnen häufig vorgetragen wird.[45]

3.1.3 ‚Vom Natürlichen hin zum Gerechten' als Ideal

Bei den Erläuterungen zu den Fähigkeiten *Zugehörigkeit* und *andere Spezies* wird deutlich, dass Nussbaum geradezu das Gegenteil eines biologistischen Weltbildes vertritt. VertreterInnen eines biologistischen Weltbildes sind der Auffassung, das menschliche Verhalten und die Phänomene einer menschlichen Gesellschaft durch biologische Gesetze erklären zu können und heißen oftmals das gut, was angeblich evolutionsbiologisch entstanden ist bzw. sehen es als unhintergehbares Naturgesetz an. Dieses Weltbild läuft stark Gefahr, naturalistische Fehlschlüsse zu begehen, wenn aus einer biologistischen Sichtweise abgeleitet wird, dass das, was in der Natur passiert, auch so sein soll.

Dies lehnt Nussbaum zu Recht ab. Doch mit ihrer Forderung, eine „allmähliche Ersetzung des Natürlichen durch das Gerechte" sei nötig, begibt sie sich in eine Art ‚umgekehrten naturalistischen Fehlschluss', nämlich in den, dass das, was in der Natur passiert, ungerecht sei, dass es von moralischen AkteurInnen als verwerflich angesehen werden und (wenn möglich) Gerechtigkeit in ‚die Natur' gebracht werden sollte.

Als ideologische Grundlage einer menschlichen Gesellschaft, der auch nichtmenschliche Tiere zuzurechnen sind (vgl. Kap. 3.2.3), erscheint diese

45 Für eine Auseinandersetzung mit der Frage, ob nichtmenschlichen Tieren ein Klagerecht zukommen sollte s. Sunstein 2004. Er behandelt in diesem Aufsatz zwei Forderungen. Die erste ist die, dass Privatpersonen eine Klagebefugnis zugestanden werden sollte, um nichtmenschliche Tiere davor zu schützen, auf eine Weise behandelt zu werden, die gegen das Gesetz verstößt, auch wenn die KlägerInnen nicht selbst davon betroffen sind. Die zweite Forderung bezieht sich auf die nichtmenschlichen Tiere selbst. Ihnen sollte selbst eine Klagebefugnis zukommen, nichtmenschliche Tiere sollen als KlägerInnen angesehen werden können, auch wenn dies nur durch menschliche VertreterInnen ausgeführt werden kann.

(stark an Jesajas Vision des messianischen Friedensreichs[46] erinnernde) Auffassung sympathischer als Konzeptionen, die dazu tendieren, biologistische Ansichten zu verfestigen. Dennoch scheint sie als Leitlinie des moralisch richtigen Umgangs mit wildlebenden Tieren nicht geeignet. Diese Ansicht übersieht einen bedeutenden Punkt: Gewisse Leiden gehören zum Leben dazu, so tragisch sie sein mögen. Einzelne Individuen haben zwar ein Recht darauf (ob ein moralisches oder juridisches sei dahingestellt), nicht von anderen direkt geschädigt zu werden, nicht aber ein Recht auf die Freiheit von Leiden: „Nicht alles, was nicht wünschenswert oder bedauernswert ist, muss verhindert werden." (Benatar 2001, 109, Übers. L.B.) Um nicht auch eine Art naturalistischen Fehlschluss zu begehen, sei erwähnt, dass diese Leiden nicht deshalb in all ihrer Tragik zu akzeptieren sind, weil sie ‚naturgemäß zum Leben dazugehören'. Die Gründe für diese Annahme sind vielmehr zum einen die sonst daraus resultierende Folge, dass Menschen und nichtmenschliche Tiere ein Recht auf ein Leben frei von Leiden haben müssten, was kontraintuitiv und nicht plausibel begründbar erscheint. Niemand kann das Recht auf ein Leben frei von z.B. Krankheiten haben (so auch Wolf 2012, 139).[47] Wie Nussbaum selbst bei ihrer Kritik an der utilitaristischen Fixierung auf Lust schreibt, gibt es zum anderen auch Leiden, die wichtig für ein Lebewesen sein können, so z.B. das leidvolle Abschiednehmen von geliebten Anderen. Man kann die Überlegung anstellen, dass der Tod eine andere Kategorie als Leiden darstellt und daher zumindest dann eingegriffen werden sollte, wenn ein nichtmenschliches Tier einem anderen nicht nur Leid zufügt, sondern es tötet. Darauf wird bei der Thematisierung der Prädation zurückgekommen.

An dieser Stelle sei noch auf die stark kontraintuitiven Folgen von Nussbaums Wunsch der „Verwirklichung einer interdependenten Welt, in der alle Spezies kooperative und wechselseitig unterstützende Beziehun-

46 „Da werden die Wölfe bei den Lämmern wohnen und die Panther bei den Böcken lagern. Ein kleiner Knabe wird Kälber und junge Löwen und Mastvieh miteinander treiben. Kühe und Bären werden zusammen weiden, dass ihre Jungen beieinander liegen, und Löwen werden Stroh fressen wie die Rinder. Und ein Säugling wird spielen am Loch der Otter, und ein entwöhntes Kind wird seine Hand stecken in die Höhle der Natter." (Jesaja 11, 6-8, zitiert nach der Bibel-Übersetzung Martin Luthers, Revision 1984.).

47 Zu erwidern, dass Krankheitserreger keine moralischen Akteure sind und das Leid, das sie zufügen, darum nicht moralisch falsch sein kann, ist *an dieser Stelle* nicht passend, da Nussbaum auch die Leiden, die sogenannte *moral patients* anderen *moral patients* zufügen, als Ungerechtigkeiten ansieht.

gen unterhalten", hingewiesen. So schön es klingen mag, so wenig einleuchtend erscheinen die Konsequenzen, wenn man diese weiterdenkt. Ein Individuum einer karnivoren Art *kann* mit einem Individuum einer unter sein Beuteschema fallenden Art *keine* wechselseitig unterstützende Beziehung führen, außer eventuell im ganz gesättigten Zustand, der jedoch immer nur vorübergehend andauert. Das Lämmlein kann schlicht nicht neben dem Wolf ruhen, sobald der Wolf Hunger verspürt. Wollte man diese Zustände wirklich anstreben, so wären Eingriffe nötig wie

a) das gezielte Ausrotten karnivorer Arten
b) züchterische (oder sogar genetische) Eingriffe, um aus Karnivoren Herbivore zu machen
c) die Fütterung karnivorer Arten mit Fleischersatzprodukten und gleichzeitig eine Abschottung von ihren ‚Beutearten'

(a. und b. nach McMahan 2010).

All diese Eingriffe sind vermutlich nicht umsetzbar. Dass auf Grund menschlicher Aktivitäten Tierarten aussterben ist zwar ein Faktum; dass man steuern könnte, welche aussterben (a.), dagegen wohl eher unrealistisch bzw. politisch schwer umsetzbar. So zählen z.B. typisch karnivore Prädatoren wie Löwen und Tiger zu den sogenannten Flagschiffarten, die sich großer Beliebtheit innerhalb der (westlichen) Gesellschaften erfreuen. Züchterische oder gentechnische Änderungen, um aus Karnivoren Herbivore zu machen (b.), sind biologisch mit Sicherheit auch nicht ohne große Schwierigkeiten umzusetzen, wenn überhaupt. Und die ‚Umkrempelung' natürlicher Verhältnisse, die aus c. folgt, ist so enorm, dass die Vorstellungskraft versagt, sich derartiges global vorzustellen.

Gehen wir jedoch nur um des Arguments Willen einmal davon aus, diese Eingriffe wären praktisch umsetzbar. Würde man behaupten, Nussbaums Meinung würde a., die Ausrottung, erfordern, versteht man Nussbaum gewiss falsch, da dies einem würdevollen Gedeihen aller karnivoren Individuen im Weg steht und man sie gewissermaßen zum bloßen Mittel des Zweckes anderer machen würde.

Auch b., sie auf herbivor umzuformen, kann kaum mit dem würdevollen Gedeihen von Prädatoren in Einklang gebracht werden, da dabei ganz neue Organismen entstehen würden, denen zwar wieder eine eigene Würde und eigene Fähigkeiten zukommen könnten, die jedoch mit dem ‚Ausgangsprädator' nicht mehr viel zu tun hätten. Auch das dafür notwendige Einfangen aller wild lebenden Individuen einer Art wäre nicht mit dem Wahrnehmen-Können der auf der Liste unter den Punkten 4. und 9. zusammengefassten Fähigkeiten vereinbar.

Zudem ist Nussbaum selbst der Auffassung (ausführlicher s. Kap. 3.1.5), dass die Fähigkeit, das eigene Raubtierwesen auszuleben und die Verhinderung des Leids, welches bei Behinderung dieser Fähigkeit auftreten würde, einen Wert haben, wenn das Tier ansonsten stark leiden würde (Nussbaum 2010, 501).

Was Fleischersatzprodukte (c.) betrifft, äußerst sich Nussbaum nicht. Hier müssten Überlegungen zum Anbau von Soja hinzugezogen werden, aus dem etliche Fleischersatzprodukte bestehen. Wenn zu der Menge Soja, die in der landwirtschaftlichen Tierhaltung verfüttert wird (Singer 1996, 270), noch weiterer Sojaanbau hinzukommen müsste, um Prädatoren damit zu füttern, würden sich Landnutzungskonflikte wohl abermals verschärfen. Künstlich im Labor erzeugtes Fleisch aus Zellkulturen wäre ein potentieller Hoffnungsträger für *weniger* (nicht kein) Tierleid, der sich auch auf wildlebende Tiere übertragen ließe, könnte man sich mit der kontraintuitiv erscheinenden Vorstellung anfreunden, wild lebende Prädatoren zu füttern. Da dies momentan noch Zukunftsmusik ist, soll darauf nicht weitergegangen werden. Ohnehin müsste erst untersucht werden, ob eine Ernährung mit Fleischersatzprodukten negative Auswirkungen auf karnivore Arten hätte oder nicht.

Alle ins Beuteschema bestimmter Prädatoren fallende nichtmenschliche Tiere von den Prädatoren abzuschotten (c.), würde auch laut Nussbaum eindeutig mehr Schaden anrichten, da dies jede Chance auf ein gedeihliches Leben in ‚freier Wildbahn' zunichtemachen würde. Und auch hier gilt, dass es das Wahrnehmen etlicher in der Liste aufgeführter Fähigkeiten stark einschränken oder unmöglich machen würde, sowohl für die Individuen der ‚Beutearten', als auch für die der Prädatoren.

Keine der drei Konsequenzen wäre für Nussbaum also vertretbar. Und auch für eine überzeugende Tierethik scheinen sie nicht geeignet, auch wenn sie durchaus vertreten werden.[48]

3.1.4 Positive und negative Pflichten

Nussbaum stellt die grundlegende Unterscheidung zwischen positiven und negativen Pflichten, die traditionell oft gezogen wird, in Frage. So sei es

48 S. McMahan 2010 und Pearce 2009. (Zu beachten ist, dass beide Texte eigenverantwortete Internetveröffentlichungen darstellen. Begutachtete befürwortende Beiträge scheint es nicht zu geben.)

traditionellen Moralvorstellungen zufolge falsch, andere durch aggressives Verhalten zu schädigen, nicht jedoch, sie verhungern zu lassen, selbst wenn dies durch Umverteilungen verhindert werden könnte. Ebenso kritisiert sie die Unterscheidung zwischen Pflichten der Gerechtigkeit und Pflichten materieller Hilfe (Nussbaum 2000). Beides ist ihrer Ansicht nach nicht strikt zu trennen.

Im Hinblick auf nichtmenschliche Tiere *könne* die Unterscheidung zwischen positiven und negativen Pflichten noch mehr Sinn ergeben als auf Menschen. Die Position, Menschen sollten nichtmenschlichen Tieren keine schlimmen Schädigungen zufügen, müssen ihr Wohlergehen jedoch nicht fördern, ist für Nussbaum kohärent. Erfüllen wir Menschen nur unsere negativen Pflichten, so wäre zwar nicht gegeben, dass alle nichtmenschlichen Tiere die Möglichkeit haben, nach einem gedeihlichen Leben zu streben, aber es ist denkbar, dass moralisch nicht mehr von uns erwartet wird. Nach diesem Argument, das als ‚die nichtmenschlichen Tiere in Ruhe lassen' paraphrasiert werden kann, ist laut Nussbaum die ‚Souveränität einer Spezies' genauso moralisch wertvoll wie die Souveränität eines Staates. Daher ist die „Idee eines wohlwollenden Despotismus der Menschen über die Tiere" moralisch fragwürdig (Nussbaum 2010, 505). Auch könne es zum würdevollen Gedeihen eines Individuums gehören, mit erheblichen Problemen selbst umgehen zu müssen, ohne wohlwollende Intervenierungen des Menschen. Es stellt sich die Frage, ob das Umgehen mit erheblichen Problemen, ohne wohlwollenden Eingriffen des Menschen ausgesetzt zu sein, das ist, was Nussbaum als Speziessouveränität bezeichnet. Der Begriff ist weder naturwissenschaftlich, noch wird er im Tierethik-Diskurs (oder verwandten Diskursen) verwendet, daher wäre eine Begriffserklärung wünschenswert gewesen.

Das gerade dargestellte Argument sollte laut Nussbaum nicht vollständig akzeptiert werden und somit auch nicht die ihm zugrundeliegende Unterscheidung positiver und negativer Pflichten bezüglich nichtmenschlicher Tiere. Dies begründet sie damit, dass zum einen nicht alle Eingriffe in ‚die Natur' per se schlecht sein müssen, zum anderen etliche nichtmenschliche Tiere unter direkter Kontrolle des Menschen leben, und auch bei wildlebenden Tieren ist es in den meisten Fällen eine Illusion, dass sie nicht unter irgendeiner Art der Einwirkung des Menschen stehen. Nahezu alle Habitate wildlebender Tiere werden vom Menschen beeinflusst und so die Möglichkeiten zur Auslebung etlicher Fähigkeiten eingeschränkt. In einer Welt, in der nichtmenschliche Tiere so stark von den Handlungen der Menschen tangiert werden, ist der Verzicht auf jegliche Interventionen keine Option (mehr).[49] Damit wird für Nussbaum die Unterscheidung in negative und positive Pflichten hinfällig, da diese in Fällen, in denen Menschen die Lebenschancen nichtmenschlicher Tiere beeinflussen, schwer zu differenzieren sind.[50]

> Selbst wer leugnet, dass wir früher eine Verpflichtung gegenüber Tieren in freier Wildbahn hatten, muss zugeben, dass wir eine solche Verantwortung heute auf Grund unserer umfassenden Verstrickung in die Bedingungen des Gedeihens von Tieren nicht mehr abstreiten können. (ebd., 506)

Auch findet sie die Forderung überzeugend, Menschen sollten nichtmenschliche Tiere, die wegen Krankheit oder den Folgen einer Naturkatastrophe sterben würden, retten, wenn die Möglichkeit dazu besteht. Die diesbezügliche Frage sollte nicht sein, ob Pflichten bestehen, sondern wie weit diese Pflichten reichen und wie sie sich mit dem Respekt vor der Autonomie der Spezies vereinbaren lassen. Die besten Hilfeleistungen sind laut Nussbaum auch hier (wie im Fall zwischenstaatlicher Hilfeleistungen) diejenigen, die die Autonomie bewahren, statt die Abhängigkeit zu vergrößern. Der Begriff Speziesautonomie wird von Nussbaum eingeführt, ohne ihn zu erläutern. Eine Definition oder Erklärung zur Verwendung des Begriffs wäre wünschenswert, da auch dieser weder naturwissenschaftlich noch in der Tierethik gebräuchlich ist.

Wirklich befriedigend erscheint Nussbaums Begründung für die (Hilfs-)Pflichten gegenüber wildlebenden Tieren nicht. Es entsteht der Eindruck, Nussbaum stelle ihre persönliche Intuition dar, ohne sie mit ausreichenden Gründen zu untermauern. Diese Intuition wird vermutlich von vielen als kontraintuitiv wahrgenommen werden. Deshalb erfüllt sie auch nicht zwangsläufig die Anforderungen, die Nussbaum selbst an ihre politische Konzeption stellt, nämlich die, dass sie von möglichst vielen Menschen geteilt werden kann.

---

49 Es wäre die wohl respektvollste Option, hätte der Mensch nicht so massiv in Leben und Lebensraum der nichtmenschlichen Tiere eingegriffen. Da dies jedoch der Fall ist, ist es nicht mehr möglich, Nicht-Eingriffe als Option zu betrachten (Nussbaum 2004, 307). Das Argument, dass Menschen ständig in die Natur eingreifen, wird von vielen TheoretikerInnen verwendet, die sich für Eingriffe (beispielsweise in Räuber-Beute-Beziehungen) aussprechen, s. z.B. Sapontzis 1984, 32 und Horta 2010a, 12.

50 Anstatt die Unterscheidung negativer und positiver Pflichten aufzugeben, kann es mehr Sinn ergeben, wie Palmer (2010) in solchen Fällen von Wiedergutmachungspflichten zu sprechen, die sich aus menschlichen Beeinflussungen ergeben, wenn die Einflüsse zu Schädigungen geführt haben, s. dazu Kap. 3.2.7.

Die Feststellung, dass Menschen ständig in das Leben nichtmenschlicher Tiere eingreifen und sich darum vor allem die Frage stellt, welche Form die Intervention haben soll, ist dennoch angebracht. Die von manchen NaturschützerInnen geforderte Beendigung menschlicher Eingriffe in die Natur ist realitätsfern und wird, wenn überhaupt, nur in kleinem Maßstab stattfinden, so dass es durchaus sinnvoll erscheint zu fragen: Wie sollen menschliche Interventionen aussehen? Wenn man die von Nussbaum vorgeschlagenen, bzw. zum Teil nur angedeuteten, Antworten auf diese Frage zu Ende denkt, kommt man jedoch wie oben dargestellt in einigen Fällen zu kontraintuitiven Konsequenzen, gegen die gute Gründe angeführt werden können (s. Kap. 3.2).

Eine jedoch nicht kontraintuitive Folge aus Nussbaums Überlegungen stellt die Bevorzugung von Sterilisation und Kastration dar. So erwähnt sie etliche Male, dass dies dem Töten moralisch vorzuziehen ist, und dass das Töten der betroffenen Individuen als moralisch verwerflich anzusehen ist, wenn die Alternative der Sterilisation bzw. Kastration besteht. Das bezieht sie sogar ebenfalls auf nicht-empfindungsfähige Tiere. In deren Fall ist eine Tötung aus gutem Grund zwar nicht verwerflich, auch wenn die Alternative der Sterilisation/Kastration besteht, dennoch wäre diese Alternative dem Töten moralisch vorzuziehen (ebd. 502).

Von Nussbaum unerwähnt bleibt die Möglichkeit der Empfängnisverhütung, die bei Populationen wildlebender Tiere immer häufiger zur Reduktion der Populationsdichte angewendet wird. So z.B. bei Elefanten im Krüger Nationalpark in Südafrika als Alternative zum Töten (Jamieson 1998, 53). Da diese über ausgebrachtes Futter (Browne 1991) oder durch Pfeilschüsse (Kirkpatrick et al. 1996) aufgenommen werden kann, stellt sie zwar für die betroffenen nichtmenschlichen Tiere einen *geringeren* Eingriff als Sterilisation/Kastration dar, muss aber im Tierversuch erprobt werden (ebd.) und stellt TierethikerInnen daher vor Dilemma-Situationen.

Besonders für den Umgang mit wildlebenden Tieren stellen die eben genannten Punkte Sterilisation/Kastration/Empfängnisverhütung einen wichtigen Punkt dar. Nimmt man Nussbaums Forderung, Alternativen zur Tötung anzuwenden, wenn sie bestehen, als (moralische oder politische, das sei dahingestellt) Norm an, so muss in Fällen wie der Jagd aus ökologischen Gründen oder dem Töten invasiver Arten (vgl. Kap. 4) immer erst diese potentielle Alternative geprüft werden, unabhängig vom ökonomischen Mehrkostenaufwand. Nussbaum betont vielfach, dass die Gewährleistung, Fähigkeiten auszuüben, mit materiellen Kosten verbunden ist, und dies einen der Gründe darstellt, weshalb sie eine strikte Trennung von

Pflichten der Gerechtigkeit und Pflichten materieller Hilfe ablehnt. Will man Fähigkeiten fördern, muss man diesen materiellen Aufwand von vornherein einbeziehen.

Dabei sollte nicht außen vor gelassen werden, dass auch Kastrationen/ Sterilisationen Eingriffe in zentrale Fähigkeiten notwendig machen. Sie stellen daher niemals die optimale Lösung dar, sondern immer nur das geringere Übel in Konfliktfällen. Damit diese Eingriffe gerechtfertigt sein können, muss ein tatsächlicher Konfliktfall vorliegen, nicht nur ein angeblicher Konfliktfall, der daraus resultiert, dass nicht-grundlegende, häufig auf Luxusgüter bezogene, Interessen von Menschen den grundlegenden Interessen von nichtmenschlichen Tieren über die Maße vorangestellt werden (vgl. Kap. 3.1.7). Ebenso sollte es selbstverständlich sein, dass, werden solche Maßnahmen angewendet, man bemüht ist, dem betroffenen nichtmenschlichen Tier dabei so wenig Stress und Leiden wie möglich zuzufügen, also es z.B. zu betäuben, bevor es (temporär) eingefangen wird und die Eingriffe, so möglich, direkt vor Ort vorzunehmen.

Nach dem hier vertretenen Verständnis von *Konfliktfall* liegt ein solcher nur vor, wenn die Parteien, deren Interessen betroffen sind, Individuen (oder Gruppen von Individuen) der Moralgemeinschaft sind, die nach der hier vertretenen Position alle empfindungsfähigen Lebewesen einschließt. Ein ‚Konflikt‘ zwischen einem Säugetier und einer Pflanze stellt nach diesem Verständnis keinen tatsächlichen Konfliktfall dar, es sei denn, die Pflanze ist für andere nichtmenschliche Tiere oder Menschen von Bedeutung.[51]

3.1.5 Nussbaums Fähigkeitenansatz und die Prädation

Laut Nussbaum bestehen also Hilfspflichten – auch wenn sie diesen Terminus als Unterscheidung zu negativen Pflichten ablehnt – gegenüber nichtmenschlichen Tieren, die in leidvolle Situationen geraten sind, aus

51 Ein Lebewesen muss kein Konzept von negativer Schädigung vertreten und diese rational verstehen und artikulieren können, um in seinen Interessen beeinflusst zu werden. Vertritt man solch eine Auffassung, können auch keine Konfliktfälle zwischen Menschen mit geringen kognitiven Fähigkeiten und Menschen mit ‚durchschnittlichen‘ kognitiven Fähigkeiten bestehen. Um zu begründen, warum das ‚Interesse‘ einer Pflanze an Wasser nicht ausreicht, um einen Konfliktfall zu erzeugen, kann zwischen starken und schwachen Interessen unterschieden werden. Zur Unterscheidung starker und schwacher Interessen s. Ott 2010, 13.

denen Menschen sie theoretisch retten können. Es wird nun darauf eingegangen, wie Nussbaum diese Hilfspflichten hinsichtlich Individuen einschätzt, die typischerweise als Beute karnivorer Tiere gelten. Diese Frage ist nicht einfach zu beantworten, da in Räuber-Beute-Interaktionen nicht wie z.B. im Falle eines ertrinkenden wildlebenden Tieres ‚nur' das Individuum, das vom Leid betroffen ist, in der Ausübung seiner Fähigkeiten eingeschränkt wird, sondern gleichzeitig auch die Fähigkeiten eines anderen Lebewesens betroffen sind, dem wiederum Leid widerfahren würde, würde man das Leid des Beutetieres verhindern.

Nussbaum vertritt die Auffassung, Prädatoren hätten ein Anrecht auf die Ausübung ihrer Fähigkeiten und würden darunter leiden, wenn sie sie nicht ausüben können. Dennoch scheinen manche ihrer Ansichten undifferenziert zu sein. So bezeichnet sie es als die Schlüsselfrage des Fähigkeitenansatzes, was dem Opfer geschieht, und nicht, „wer die falsche Handlung begeht" (ebd., 512). Eine solche Fokussierung auf das Opfer kann gutgeheißen werden, es erscheint jedoch absurd davon auszugehen, dass es *falsch* ist, sich (und seinen Nachwuchs) ernähren zu wollen. Diese Schlüsselfrage beim Problem der Prädation aufzuführen, wirkt unpassend, und der Vergleich, dass es für eine Gazelle egal ist, ob sie von einem Menschen oder Tiger getötet wird, aus *moralischer* Perspektive undifferenziert, auch wenn es aus Gazellenperspektive stimmen mag. Menschen haben in den meisten Fällen Alternativen zur Tötung der Gazelle, um ein gedeihliches Leben zu führen. Der Tiger hat das nicht bzw. seine einzige Alternative ist es, ein anderes Lebewesen statt genau dieser Gazelle zu töten, was moralisch keinerlei Unterschied macht in Anbetracht der Tatsache, dass Tiger sich nicht von Würmern oder anderen nicht-empfindungsfähigen Tieren ernähren (können). Nussbaum räumt zwar ein, dass der Tod der Gazelle durch den Tiger nicht in derselben Weise tadelnswert ist wie im Falle des Tötens durch Menschen, als tadelnswert empfindet sie es dennoch.

Noch unpassender mutet die Aussage an, manche Tierarten seien schlicht ‚nicht freundlich' (ebd., 525). Man könne nicht erwarten, dass diese unfreundlichen Tierarten freundlich(er) werden oder sich für das Wohlergehen ihrer Feinde einsetzen. Dies erscheint zum einen stark anthropomorph und übersieht zum anderen die Unterschiedlichkeit der Individuen einer Spezies. Nussbaum entwickelt den Gedanken in einer Weise, dass sie bei ihrer politischen Konzeption nicht in Widersprüche gerät: Der oder die AdvokatIn eines Prädators[52] könne vorbringen, die Auffassung des Tigers sei nicht vernünftig, wenn dieser den Tod der Gazelle anstrebt; er oder sie als StellvertreterIn könne aber nur vernünftige Auffassungen vertreten. Abgesehen von der Absurdität, die hinter der Vorstellung eines Gerichtsverfahrens steckt, in dem eine Anwältin oder ein Anwalt stellvertretend für einen Tiger und ein_e andere_r stellvertretend für eine Gazelle spricht,[53] stellt sich abermals die Frage, was unvernünftig daran ist, sich ernähren zu wollen. Es ist nicht Ziel dieses Kapitels, die am absurdesten erscheinenden Aussagen Nussbaums zur Prädator-Thematik zusammenzufassen, dennoch sollten sie nicht unerwähnt bleiben, um ein Gesamtbild ihrer Erweiterung zu schaffen.

Um ihre Position zur Prädations-Thematik noch klarer darzustellen und das Gedeihen der Raubtiere aufzugreifen, das bisher nur kurz angesprochen wurde, sei darauf explizit eingegangen. Wie oben erwähnt, ergäbe sich aus der Maßnahme, alle Prädatoren oder ihre Beutetiere abzuschotten, dass jede Möglichkeit auf ein gedeihliches Leben in ‚freier Wildbahn' zunichte gemacht werden würde. Dies ist folglich keine Option. Wenn Menschen nun aber die Möglichkeit hätten, freilebende Gazellen ohne erhebliche Eingriffe vor Prädatoren zu schützen, dann sollten ‚wir' dies laut Nussbaum vielleicht tun (ebd., 512). Gleichzeitig sieht sie als Gegenargument aber die zu beachtenden Bedürfnisse der Prädatoren. Sie werden darunter leiden, wenn sie ihre Raubtierfähigkeiten nicht ausüben können. Nussbaum kommt nicht zu einem Schluss, ob im Falle freilebender Tiere in die Prädation eingegriffen werden sollte oder nicht. Der Schluss, den sie formuliert, ist der, dass der Fähigkeitenansatz zwei verschiedene Aspekte der Raubtierfähigkeit unterscheiden kann:

---

52 Fähigkeit 10 in der Liste kann StellvertreterInnen für nichtmenschliche Tiere vor Gericht erfordern, s.o. Kap. 3.1.2.

53 Nicht alles was absurd erscheint, ist deshalb auch moralisch falsch. Lange Zeit galt es als absurd, dass Frauen das Wahlrecht bekommen sollen. Und die Forderung nach VertreterInnen, die die Interessen nichtmenschlicher Tiere auch vor Gericht vertreten können, ist nicht absurd. So fordern TierschützerInnen ein Verbandsklagerecht, wie es Naturschutzverbände schon zugestanden bekommen haben. Was absurd ist, ist die Vorstellung einer Anwältin oder eines Anwaltes für Prädatoren, da diese, wie schon mehrfach betont, nichts Falsches tun, indem sie sich ernähren.

1. Die Fähigkeit, andere Tiere[54] zu töten, ist als solche nicht wertvoll. In politischen Prinzipien muss sie daher nicht berücksichtigt und kann sogar eingeschränkt werden.
2. Die Fähigkeit, das eigene Raubtierwesen auszuleben und die Verhinderung des Leids, welches bei Behinderung dieser Fähigkeit auftreten würde, „können einen Wert haben, wenn das Tier ansonsten sehr leiden würde“ (ebd., 501).

Wie genau die beiden Fähigkeiten in der Natur zu trennen sein sollen, wird nicht klar. Im Hinblick auf Prädatoren, die unter menschlicher Kontrolle leben, kann es Sinn ergeben. So erscheint es theoretisch einleuchtend, dass es moralisch angebracht ist, die Fähigkeit eines Tigers seinem Jagdinstinkt nachzukommen, in einem Zoo dadurch zu befriedigen, ihm ein Spielzeug zur Verfügung zu stellen, welches in Form und ‚Verhalten‘ stark an eine Gazelle erinnert. Fraglich bleibt jedoch, ob das nichtmenschliche Tier, mit dessen Fleisch der Tiger gefüttert wird,[55] weniger gelitten hat, als eine Gazelle leiden würde, würde man sie lebendig in ein Tigergehege setzen. Wenn dies nicht der Fall ist, wirkt die Lösung heuchlerisch. (Die äußerst umstrittene moralische Zulässigkeit von Zoos ganz außer Acht gelassen.) Besonders angebracht erscheint diese Unterscheidung im Fall von domestizierten Hunden und Katzen, wenn sie ausreichend gefüttert werden. Zwar stammt dieses Futter in vielen Fällen vermutlich auch nicht von sogenannten ‚artgerecht gehaltenen‘ Tieren,[56] es besteht jedoch definitiv kein Anlass, den Hund, die Katze oder ein anderes karnivores

54 Es sei erwähnt, dass Nussbaum an dieser Stelle von kleineren Tieren spricht, was, besonders für so einen wichtigen Punkt, äußerst unüberlegt erscheint, da erstens die Fähigkeit größere Tiere zu töten wohl kaum anders zu bewerten ist, als die, kleinere Tiere zu töten, und zweitens es in Räuber-Beute-Beziehungen häufig vorkommt, dass nichtmenschliche Tiere im Rudel größere nichtmenschliche Tiere erlegen. Beispiele sind Löwinnen, die Elefanten ‚reißen‘, Komodowarane, die Wasserbüffel ‚erlegen‘, oder Hyänen, die auf Zebras Jagd machen.

55 Der Einfachheit halber sei die Frage, ob man sich in menschlicher Obhut befindende Tiger auch vegan ernähren könnte, ohne dass sie deutlich an Lebensqualität einbüßen, außen vorgelassen. Für eine Auseinandersetzung mit der Frage, ob die Verpflichtung besteht, karnivore Tiere, die von Menschen gehalten werden, vegan zu ernähren s. Milburn 2014.

56 Hinter dem Begriff ‚artgerechte Haltung‘ stecken Implikationen, die aus Tierrechts- und Tierbefreiungsperspektive äußerst fragwürdig sind. Zum einen deutet er auf die Fokussierung auf Arten hin, anstatt die Interessen der einzelnen Individuen in den Vordergrund zu stellen. Zum anderen kann er implizieren, dass nicht die Tötung des nichtmenschlichen Tiers problematisch ist, sondern eine leidvolle

‚Haustier' zusätzlich andere nichtmenschliche Tiere wie Vögel oder Mäuse töten zu lassen, damit sie ihrem Jagdinstinkt nachkommen können. Es ist in der Frage, ob ein Eingreifen in Räuber-Beute-Beziehungen moralisch geboten sein sollte oder nicht, also sinnvoll, zwischen wildlebenden Tieren und domestizierten Tieren bzw. Tieren, die unter menschlicher Kontrolle leben (müssen), zu differenzieren und zu unterschiedlichen Schlüssen zu kommen (vgl. Kap. 3.2.).

Wichtig zu bedenken ist, dass eine ‚schwarz-weiße' Trennung von Raub- und Beutetier nicht möglich ist. So mögen z.B. auf den ersten Blick Füchse als gutes Beispiel eines Raubtieres gelten, dabei sind sie teilweise selbst Beutetier, da Füchse zum Nahrungsspektrum von Luchsen, Wölfen und Steinadlern gehören. Wiederum stellen Mäuse den Inbegriff eines Beutetieres dar, sind jedoch Allesfresser und ernähren sich gerne von lebenden Insekten. Dies muss von SentientistInnen zwar nicht negativ bewertet werden, zeigt aber auch, dass zwischen Raub- und Beutetier keine scharfe Grenze gezogen werden kann.

3.1.6 Nussbaums Position zum Artenschutz

Bezüglich des Artenschutzes positioniert Nussbaum sich dergestalt, dass sie das Überleben einer Spezies nicht als Frage der Gerechtigkeit ansieht, solange beim Aussterbeprozess nicht das Wohlergehen der einzelnen Individuen der Art betroffen ist. Wie auch Singer und Regan sieht sie das Problem also nicht primär darin, dass die Art von unserem Planeten verschwindet, sondern dass während dieses Prozesses in der Regel Individuen Leid widerfährt.

3.1.7 Konfliktfälle

Zu guter Letzt sei noch auf den Umgang Nussbaums mit Konfliktsituationen eingegangen. Die zentrale Aussage hierzu fasst sie wie folgt zusammen:

Haltung. Auf die Debatte rund um diesen Begriff kann an dieser Stelle nicht vertiefend eingegangen werden, vgl. aber Bossert 2014.

> Wurden die Fähigkeitenliste und die Schwellenwerte richtig bestimmt, dann ist die Existenz eines solchen Konflikts [...] ein Zeichen dafür, dass mit der Gesellschaft etwas nicht stimmt. (ebd., 539)

Hier werden sowohl die Schwellenwerte, als auch, in Nussbaums weiteren Ausführungen, die Opportunitätskosten angesprochen – zentrale, aber streitbare Punkte.

Die Festlegung von Schwellenwerten stellt schon im menschlichen Fall vor Fragen und große Probleme. Ob man Individuen anderer Arten dabei gerecht werden kann, ist fraglich; in jedem Fall stellt es sehr große Herausforderung dar und erfordert intensive Erforschung der Individuen dieser Arten. Ob diese überhaupt möglich ist, ohne in ein gedeihliches Leben der Individuen einzugreifen, gilt es zu ermitteln.

Einige sogenannte Konflikte zwischen Menschen und nichtmenschlichen Tieren sind auch für Nussbaum keine wirklichen Konflikte, da das Wohlergehen der Menschen bei einer Abschaffung nicht eingeschränkt wird, das der nichtmenschlichen Tiere dagegen um ein Vielfaches gesteigert, so z.B. – eventuell abgesehen von wenigen indigenen Völkern, die auf Pelz angewiesen sein könnten – bei der ‚Pelzgewinnung' und bei der Intensivtierhaltung (ebd., 541). Ob die Nutzung nichtmenschlicher Tiere als Nahrung generell unter solch einen ‚Nicht-Konflikt' fällt oder doch einen Konflikt darstellt, vermag Nussbaum nicht zu sagen. Darum plädiert sie dafür, den Schwellenwert erst einmal so anzusetzen, dass er in jedem Fall mit einer Gewährleistung *aller* menschlichen Fähigkeiten kompatibel ist, dabei aber *zentrale* tierliche Fähigkeiten nicht verletzt werden.

Ein weiteres problematisches Feld stellen die Opportunitätskosten dar. Ab welchen Kosten darf man Hilfspflichten verneinen? Auch dieses Feld stellt schon bezüglich der Menschen vor schwierige und strittige Fragen. Mit der Einbeziehung der nichtmenschlichen Tiere erweitert sich diese Problematik um ein Vielfaches. Das darf jedoch kein Grund sein, diese Einbeziehung abzulehnen. Man stelle sich das Szenario vor, eine Bereitstellung an Gesundheitsfürsorge für nichtmenschliche Tiere wäre nur möglich, wenn gleichzeitig der Schwellenwert der Gesundheitsfürsorge der Menschen gesenkt werden würde. Wie soll entschieden werden? Nussbaums Meinung nach sollten bei der Antwort darauf alle Fähigkeiten der Liste miteinbezogen werden und nicht Kosten der Gesundheitsfürsorge nur mit Kosten der Gesundheitsfürsorge abgewogen werden. So gibt es vermutlich andere Kosten, die nicht mit elementaren Ansprüchen zusammenhängen, und die zuerst reduziert werden könnten, bevor die Gesundheit irgendwelcher Individuen gefährdet werden muss (ebd., 542).

3.1.8 Zusammenfassung

Auf Grund der genannten Kritikpunkte dient die Ausweitung des Fähigkeitenansatzes auf nichtmenschliche Tiere nicht als adäquate Grundlage für die Beantwortung der Frage nach dem moralisch richtigen Umgang mit wildlebenden Tieren.

Problematisch sind Annahmen und (Voraus-)Setzungen, die nicht befriedigend begründet werden, wie z.B. dass es falsch bzw. unvernünftig von einem Prädator sei, Beute zu machen. Der strittige Begriff Tierwürde spielt eine (zu) bedeutende Rolle, wird aber nicht definiert. Die ausgearbeitete Liste setzt eine sehr anspruchsvolle Sichtweise der Eigenschaften nichtmenschlicher Tiere voraus, die vermutlich nur auf Säugetiere zutreffen und folglich ‚nur' eine Erweiterung auf Säugetiere plausibel machen würde. Nussbaums Ideal ‚Vom Natürlichen hin zum Gerechten' scheint zu übersehen, dass nicht alles, was unerwünscht und tragisch ist, aus der Welt geschafft werden sollte. Zudem folgen stark kontraintuitive Konsequenzen, wenn man die Implikationen der Erweiterung zu Ende denkt. Nichtsdestotrotz stecken in dieser Position wichtige Punkte, die sowohl in der Ethik als auch in der Politik weiter vorangetrieben werden sollten, wie eine Klagebefugnis für nichtmenschliche Tiere durch StellvertreterInnen. Auch der Standpunkt, dass aus dem Eingreifen der Menschen in natürliche Gebiete (Hilfs-)Pflichten gegenüber wildlebenden Tieren erwachsen können, ist plausibel. Unplausibel ist dagegen die Forderung, dass dadurch (Hilfs-)Pflichten gegenüber allen wildlebenden Tieren bestehen, wenn diese einerseits zum Eingreifen in Prädation führen sollen und andererseits nicht kontextsensitiv sind.

Eine diesbezüglich sehr fein differenzierte Position wird im Folgenden ausgeführt.

3.2 Palmers relationaler Ansatz der Kontexte

Mit ihrem Werk *Animal Ethics in Context* (2010) bietet Clare Palmer die bisher umfassendste und überzeugendste Auseinandersetzung mit der Fragestellung des moralisch richtigen Umgangs mit wildlebenden Tieren.[57] Sie argumentiert dafür, bezüglich (potentiell) bestehender Hilfspflichten

---

57 Für eine kürzere Vorstellung ihres Ansatzes und ihrer wichtigsten Argumentationspunkte s. Palmer 2011.

zwischen domestizierten Tieren und wildlebenden Tieren zu unterscheiden, und liefert Begründungen, warum keine Gleichbehandlung aller empfindungsfähigen nichtmenschlichen Tiere moralisch gefordert ist. Eine zentrale These ihres relationalen Ansatzes ist es, dass sich die negative Pflicht niemanden zu schädigen aus Fähigkeiten ergibt, Hilfspflichten dagegen aus Mensch-nichtmenschliches Tier-Beziehungen. Wie der Titel des Buches bereits verrät, spielen Kontexte generell eine zentrale Rolle. Moralisch relevante Kontexte, aus denen Hilfspflichten hervorgehen, sind

- das Erzeugen von Dependenz und Vulnerabilität
- Zufügen von Schädigungen, sowohl in der Gegenwart als auch in der Vergangenheit
- spezielle Beziehungen
- Nutznießen an der Schädigung nichtmenschlicher Tiere und Teilhaben an Gesinnungen,[58] die Schaden verursachen

All diese Fälle werden nachfolgend behandelt. Angemerkt sei, dass, wo bei Palmer und also auch im Folgenden von *speziellen Verpflichtungen* die Rede ist, Hilfspflichten gemeint sind. Negative Pflichten stellen *generelle Verpflichtungen* dar.

Palmer vertritt eine mäßige Auffassung der Eigenschaften nichtmenschlicher Tiere und geht nicht von komplexen, hochentwickelten Eigenschaften, wie den kognitiven Begabungen von Primaten oder Walen, aus, um ihre Position zu stützen. Auch wenn sie es für plausibel hält, dass Reptilien, Amphibien und Fische empfindungsfähig sind, so bezieht sich ihre Konzeption in erster Linie auf Säugetiere und Vögel, da bei diesen das Vorkommen der Befähigungen, die Palmer voraussetzt, relativ sicher auftreten. Diese sind das Verspüren von Schmerz und aversiven Zuständen wie Bedürfnis-Frustration und Angst. Dennoch will auch sie keine scharfe Grenze zwischen Säugetieren, Vögeln und anderen nichtmenschlichen Tieren ziehen, weshalb sie dafür plädiert, die beste Herangehensweise bei Unsicherheit sei ohnehin eine vorbeugende.

Aus dem Erfahren-Können von Schmerz und aversiven Zuständen ergibt sich ein Konzept von *animal well-being* sowie von Interessen, wor-

58 Der von Palmer verwendete englischsprachige Begriff *attitude* umfasst, was im Deutschen kaum nachvollziehbar ist, sowohl die innere Einstellung und Gesinnung als auch das daraus folgende Verhalten, also eine umfassende Haltung. Diesen Begriff zu verwenden kann in unserem Kontext aber zu Verwechslungen mit dem Halten (nichtmenschlicher Tiere) führen. Daher werden hier kontextuelle, folglich verschiedene, Übersetzungen verwendet, die häufigste ist Standpunkt..

aus, etwas verkürzt, die moralische Berücksichtigungswürdigkeit dieser nichtmenschlichen Tiere folgt. Man mag sich ein wenig darüber wundern, warum Palmer in ihrem ansonsten so extrem differenzierten Ansatz nur auf ‚negatives' Vermögen nichtmenschlicher Tiere eingeht, wie etwa Schmerzempfinden und Erleben aversiver Zustände, an den Implikationen ihrer Theorie ändert das jedoch nichts.

Gegenüber Individuen, die im Besitz dieser Eigenschaften sind, ergibt sich nun, wie in ausschließlich an Eigenschaften orientierten Ansätzen, die negative Pflicht, sie nicht zu schädigen. Diese Pflicht gilt prima facie, nicht absolut, und stellt in Palmers relationalem Ansatz die einzige negative Pflicht dar, die moralische AkteurInnen gegenüber allen nichtmenschlichen Tieren haben.

Schädigung definiert Palmer als

a) Tat(en), die von einer_m moralischen AkteurIn ausgeübt werden (in Unterscheidung zu Unglück und natürlichen Bedrohungen),
b) etwas, das die Interessen eines nichtmenschlichen Tieres behindert oder zurücksetzt (entweder sehr intensiv oder über einen längeren Zeitraum, so dass das Erschrecken eines Säugetiers vor dem Blitzlicht der Kamera einer_m FotografIn normalerweise nicht als Schädigung bezeichnet werden kann), wenn Interessen in einem erfahrbaren Sinn verstanden werden (Palmer versteht sie so), und
c) eine Handlung, die das nichtmenschliche Tier schlechter stellt als es um es bestellt wäre, hätte der_die moralische AkteurIn nicht in dieser Weise gehandelt.

Hilfeleistung (*assistance*) definiert sie analog als

a) Tat(en), die von einer_m moralischen AkteurIn ausgeübt werden,
b) etwas, das die (erfahrbaren) Interessen eines nichtmenschlichen Tieres fördert, und
c) etwas, das das nichtmenschliche Tier (erfahrbar) besser stellt als in dem Fall, hätte der_die moralische AkteurIn nicht in dieser Weise gehandelt. (Palmer 2010, 23)

Eine Unterscheidung zwischen ‚jemanden schädigen' und ‚jemandem nicht helfen' zu treffen hält Palmer im Gegenteil zu Nussbaum und VertreterInnen utilitaristischer Positionen für gerechtfertigt, auch was unsere Verpflichtungen gegenüber anderen betrifft. Es existiert der feine, aber bedeutende Unterschied, dass durch eine Schädigung die Situation eines Individuums verschlechtert, bei mangelnder Hilfe dagegen lediglich nicht zum Besseren geändert wird (ebd., 75). Wenn allein das Ereignis betrachtet wird, wirken die beiden Situationen zwar häufig gleich, das ändert sich jedoch, wenn Faktoren wie die Verantwortlichkeit der AkteurInnen einbezogen werden. Eine Fokussierung auf die Handelnden hält Palmer für plausibel und lehnt daher Positionen ab, die so starke Verantwortung hervorrufen, dass man nicht nur für das verantwortlich ist, was man tut, sondern auch für das, was man nicht verhindern kann.

Da Palmer mit ihrem Werk die Relevanz, bezüglich Hilfspflichten zwischen domestizierten Tieren und wildlebenden Tieren zu unterscheiden, mit Argumenten belegen möchte, fokussiert sie auf die Fragestellung der Hilfspflichten und lässt die Fragestellung der negativen Pflichten weitgehend außen vor.

3.2.1 Vergleich zu ausschließlich an Eigenschaften orientierte Ansätzen

Wie in den Kapiteln 2.2, 2.3 und (in komplexerer Form) 3.1 dargestellt, beziehen sich wichtige Tierethikkonzepte ausschließlich auf die Eigenschaften nichtmenschlicher Tiere[59] um für deren Rechte bzw. die gleiche Berücksichtigungswürdigkeit ihrer Interessen zu argumentieren. Davon unterscheidet sich Palmer insofern, dass sie Hilfspflichten aus Kontexten herleitet. Dennoch sieht Palmer ihr Konzept als kompatibel mit Regans Rechte-Ansatz und als potentielle Erweiterung desselben an. Diese Erweiterung sei nötig, um aus Regans Position eine zufriedenstellende Tierethiktheorie auszuarbeiten, da seinem Ansatz Antworten auf wichtige Fragen fehlen oder sie ungenügend beantwortet wurden. Palmer betont aber, dass ihre Theorie auch mit anderen Tierethikansätzen kompatibel ist, und dass man Regans Auffassung nicht vertreten muss, um ihre relationale Herangehensweise zu akzeptieren. Schlecht vereinbar ist ihr Denkansatz jedoch mit utilitaristischen Positionen, da kontextuelle Unterscheidungen in einer utilitaristischen Sichtweise keinen direkten Platz haben. Die moralische Bedeutung von Dependenz, die nicht als Eigenschaft, sondern relational betrachtet wird, muss nicht als Kontrast, sondern kann als *add-on* zu Regans Ansatz gesehen werden.

In Bezug auf das Prinzip der Universalisierbarkeit stellt sie die Frage nach dessen Umfang. Wenn A sich in einer bestimmten Art und Weise gegenüber X verhalten sollte, inwieweit müssen dann Z und Y (aufgestellt)

---

59 Für eine Unterscheidung zwischen den Begriffen Eigenschaft (*capacity*) und Fähigkeit (*capability*) s. Palmer 2010, 45. Eine Fähigkeit in Nussbaums Sinne ist eine Art von Eigenschaft, aber nicht alle Eigenschaften sind Fähigkeiten.

sein wie X, damit A sich ihnen gegenüber in einer ähnlichen Situation genauso verhalten sollte? Hierfür sind in Palmers relationalen Ansatz auch andere Faktoren neben Eigenschaften wie Empfindungsfähigkeit relevant, z.B. Verbindlichkeiten, die man gegenüber einem als ‚Haustier' gehaltenen nichtmenschlichen Tier eingeht, oder vergangene Handlungen, die die jetzige Situation eines nichtmenschlichen Tieres geschaffen haben (ebd., 50). Aus bestimmten Beziehungen entstehen universal geltende Hilfspflichten.

3.2.2 Die moralische Relevanz von Beziehungen

Um zu erfassen, welchen Beziehungen eine moralische Bedeutung zukommt, ist eine Definition dieses etwas vagen Begriffes nötig. Palmer versteht darunter nicht ausschließlich Beziehungen, die auch als solche wahrgenommen werden. Es ist für sie keine Bedingung für eine Beziehung, dass eine oder beide Parteien die Beziehung als solche wahrnehmen. Ihr Verständnis umfasst auch, dass Beziehungen „einen Effekt (auf ein anderes Lebewesen) haben", „potentiell einen Effekt (auf ein anderes Lebewesen) haben" und „einen Effekt (auf ein anderes Lebewesen) gehabt haben" kann. Allerdings muss eine Beziehung, um moralisch relevant in Palmers Sinn zu sein, moralische AkteurInnen als zumindest eine Partei involvieren, entweder als Individuum oder als Kollektiv. Damit ist bereits entschieden, dass Räuber-Beute-Beziehungen keine Beziehungen sind, die für Palmer moralisch relevant sind, es sei denn, ein_e moralische_r AkteurIn kann als verantwortlich für die Tat des Raubtiers gesehen werden (vgl. Kap. 3.2.9). Palmer fasst nichtmenschliche Tiere folglich nicht als *moral agents* auf – würde man dies tun, würde sich die Evaluation der Situation ändern. Ein zentraler Aspekt ist zudem, dass Palmer die kausale Rolle ‚des Menschen' als relevant betrachtet, nicht aber seine affektiven Gebundenheiten.

> […] it is the human *causal role* in these entanglements [between humans and animals, L.B.], rather than human affective attachments (at least, as understood either in care ethics or in Callicott's communitarianism) that provides a better focus for thinking about the moral significance of human/animal relation." (ebd. 54, kursiv im Original)

Hiermit grenzt sie sich nicht nur von der Fürsorgeethik ab (s.o. Kap. 2.4.2), sondern auch von Konzepten wie dem Callicott's, nach dem gemischte Gemeinschaften, zu denen nichtmenschliche Tiere dazugerechnet werden, als konzentrische Kreise von Nähe und Verbundenheit angesehen werden können (Callicott 1997, 239). Die am nächsten stehende Gemeinschaft (Familie) ist der innerste Kreis, dazu gehören auch als ‚Haustiere' gehaltene nichtmenschliche Tiere. Domestizierte Tiere dagegen befinden sich auf einem Kreis weiter außen, jedoch noch in einer gemischten Gemeinschaft. Je weiter die Entfernung zur innersten Gemeinschaft, desto geringer die Verpflichtung gegenüber der anderen Gemeinschaft. Wildlebende Tiere gehören laut Callicott zum äußersten, am weitesten entfernten, Kreis. Dort liegt keine gemischte Gemeinschaft mehr vor, ihnen als Individuen gegenüber bestehen keine Verpflichtungen, nicht einmal negative; lediglich ihre Gemeinschaft, die biotische, sollte mit Respekt behandelt werden (Callicott 1988).

Kausale Beziehungen definiert Palmer dergestalt, dass Menschen die Situationen und Kontexte, in denen nichtmenschliche Tiere sich befinden, ganz oder teilweise verursacht haben. *Spezielle* moralische Verpflichtungen – im Gegensatz zu *generellen* moralischen Verpflichtungen wie der Nichtschädigungspflicht – ergeben sich also aus menschlichem Handeln, auch und insbesondere da, wo Verantwortung für vergangene Schädigungen vorliegen (vgl. Kap. 3.2.7).

Wovon Palmer sich ebenfalls abgrenzt, ist die Idee des Vertrags für domestizierte Tiere (*domesticated animals contract*), der einen von etlichen Versuchen darstellt, den Kontraktualismus auf nichtmenschliche Tiere auszudehnen. Mit Palmers relationalem Ansatz ist dieser Position gemein, dass sie für eine andere Behandlung von domestizierten Tieren als von wildlebenden Tieren argumentiert. Die Differenzen beginnen bei der Annahme, die Domestikation könne als eine Art Vertrag angesehen werden, da sowohl nichtmenschliche Tiere als auch Menschen sowohl Kosten als auch Nutzen davon tragen. Ihnen kommen also Verpflichtungen zu, da VertragsethikerInnen zu Grunde legen, dass sich aus Verträgen spezielle Verpflichtungen ergeben. Denen außerhalb des Vertrags gegenüber, in diesem Fall den wildlebenden Tieren, ergeben sie sich nicht.

Die Idee eines Vertrags mit domestizierten Tieren hält Palmer für vollkommen falsch, da nichtmenschliche Tiere keine Wahl hatten, abzulehnen, Domestikation vor allem dem Menschen nützt, weniger aber den nichtmenschlichen Tieren,[60] und sie nicht reversibel ist. Kein nicht-

60 Für Palmers Ausführungen dazu s. Palmer 2010, 57-62 und ausführlich Palmer 1997. Evolutionäre Argumente wie das Argument, Domestikation sei eine exzellente Strategie gewesen, weil die domestizierten Arten in Individuenzahlen so häu-

menschliches Tier kann den ‚Domestikations-Vertrag' verlassen, da in den meisten Fällen sein ganzes Wesen dadurch geformt wurde. Gerade dies führt zur Problematik der Dependenz und Vulnerabilität (s. Kap.3.2.6). Um die Zulässigkeit solcher kontraktualistischen Begründungen zu durchdringen, muss man die Geschichte der Domestikation zu verstehen versuchen. Diese wird kontrovers diskutiert.[61]

Es stellt sich die Frage, ob man die moralisch als relevant betrachteten Beziehungen freiwillig eingehen muss oder nicht, damit sich spezielle Verpflichtungen daraus ergeben. Dies wird, Palmers Struktur folgend, in Kapitel 3.2.8 anhand eines konkreten Beispiels ausgeführt. Palmer vertritt die Auffassung, dass die Beziehung nicht freiwillig und bewusst eingegangen werden muss, damit Hilfspflichten daraus erwachsen.

3.2.3 Das Verständnis von wildness und die Laizess-Faire-Intuition

Domestizierten Tieren gegenüber erwachsen also Hilfspflichten aus den kaum zu leugnenden Beziehungen, in denen sie zu Menschen stehen. Wie steht es aber um Hilfspflichten gegenüber wilden Tieren? Solange keiner der oben genannten Kontexte, aus denen sich Hilfspflichten ergeben, auf sie zutrifft, gilt erst einmal die von Palmer sogenannte *Laissez-Faire-Intuition* (LFI), also die Intuition, die nichtmenschlichen Tiere einfach sein zu lassen, ohne sich in ihre Leben einzumischen, auch wenn ihnen Leid geschieht. Da *wildness*[62] (und somit auch wildlebendes Tier) ein potentiell weit gefasster Begriff ist und verschiedene EthikerInnen sowie Wildlife-

---

fig auftreten wie kaum andere Vertebraten-Arten, sind hinfällig, da dies nicht den einzelnen Individuen nützt und Palmer Arten keine Interessen zubilligt.

61 Für eine Position, die besagt, Tiere hätten sich freiwillig zähmen und domestizieren lassen, s. Budiansky 1994, für Kritik daran s. Cassidy 2007 und Clutton-Brock 1994. Letztere legt dar, dass Domestikation lediglich Nutzen für Menschen brachte, nicht für nichtmenschliche Tiere. Dass die Domestikation verschiedener Arten auf unterschiedliche Art und Weise vonstatten gegangen ist, führt Bulliet 2005 auf.

62 Im Folgenden wird hierfür ausschließlich der englische Begriff verwendet, da *wildness* (Wildheit) von *wilderness* (Wildnis) zu differenzieren ist, im Deutschen der Begriff ‚Wildheit' aber eher als Charakterzug verstanden wird, nicht allgemein als ‚wild sein', und daher nicht geeignet scheint.

ManagerInnen[63] ihn unterschiedlich auslegen können, ist eine Definition notwendig.

Palmer unterscheidet drei verschiedene Verständnisse von *wildness*. In allen dreien ist es wichtig, *wildness* nicht als einen Part eines Dualismus zu sehen, sondern als Ende eines Spektrums. In jedem der drei Sinne ist es möglich, mehr oder weniger wild zu sein.

1. Konstitutive *wildness*: Wild wird hier als Teil des ‚domestiziert – wild'- Spektrums verstanden. Dies ist von einer Definition von Domestikation abhängig (s.u.).
2. Standortbedingte *wildness*: Hier spielt ein ‚entwickelt – wild', bzw. ‚urbanisiert – wild'-Spektrum eine Rolle. Bei *wildness* in diesem Sinne geht es um einen Ort. Am wildesten Ende dieses Spektrums befinden sich nichtmenschliche Tiere, die in Umwelten leben, auf die Menschen relativ wenig Einfluss genommen haben, also der sogenannten Wildnis. Ein nichtdomestiziertes Tier, welches in menschlichen Siedlungen lebt, wie Spatzen oder Eichhörnchen, gilt nach diesem Verständnis nicht als wild.
3. Dispositionelle *wildness*: In diesem Fall geht es um das ‚zahm – wild'-Spektrum, um die Disposition und das Verhalten eines nichtmenschlichen Tieres gegenüber Menschen. Ein zahmes Tier zeigt wenig Furcht vor Menschen (interpretiert anhand des Fluchtverhaltens), und reagiert unter ‚normalen' Bedingungen des Aufeinandertreffens kaum oder gar nicht aggressiv auf sie. Wilde Tiere dagegen begegnen Menschen mit Furcht und Aggression, sie sind dispositionell und verhaltensbezogen wild. Dieses Verständnis von *wildness* lässt Palmer aus gutem Grund außen vor, da es spätestens seit der Züchtung von aggressiven Kampfhunden problematisch ist. Diese können in ihrem Verhalten äußerst wild sein, sind auf der anderen Seite aber ein Paradebeispiel von ‚unwild' im konstitutiven Sinn (ebd., 64).

Unter ‚Wildtieren' versteht Palmer nichtmenschliche Tiere, die sowohl im konstitutiven als auch im standortbedingten Sinne als wild gelten. Wird bei ihr der Begriff ‚Wildtier' und im Folgenden also auf Grund der Problematik des Begriffs ‚Wildtier' (s. Fußnote 4) der Begriff wildlebendes Tier oder die Bezeichnung vollständig wild verwendet, sind konstitutiv und

63 Palmer betont, es gehe in der Entwicklung ihres Ansatzes nicht nur darum, Antworten auf Fragen des individuellen Umgangs mit wildlebenden Tieren zu finden, sondern auch eine adäquate Politik des Wildlife-Managements daraus ableiten zu können.

standortgemäß wilde Tiere gemeint. Ob diese überhaupt noch existieren, ist eine andere Frage, ändert aber an den prinzipiellen Überlegungen zum moralisch richtigen Umgang mit wildlebenden Tieren in diesem Sinn nichts.

Um den Begriff der konstitutiven *wildness* wie Palmer ihn verwendet, besser verstehen zu können, muss ihre Definition von Domestikation klargestellt sein. Unter domestizierten Tieren versteht Palmer nichtmenschliche Tiere, die in Bezug auf ihre Zucht intentional durch Menschen kontrolliert werden, besonders durch selektive Zucht. Außerdem bezieht sie sich auf relativ junge menschliche Aktivitäten, da die Domestikationsgeschichte und die Frage, welche Rolle nichtmenschliche Tiere selbst in dieser gespielt haben sollen, hoch umstritten sind.

Ausgeschlossen sind demnach

- nichtmenschliche Tiere mit zahmem Verhalten, deren Zucht nicht selektiv durch Menschen beeinflusst wurde (wie etwa urbane Spatzen und Stockenten),
- Tiere, die sich in Co-Evolution mit Menschen, aber ohne vorsätzliche Interventionen derselben entwickelt haben und nun erfolgreich in menschlichen Gemeinschaften leben (wie urbane Ratten),
- die schwierigen Fälle nichtmenschlicher Tiere, die auf Grund menschlichen Einflusses genetisch von anderen wilden Populationen isoliert wurden, der Einfluss des Menschen auf ihre genetische Varianz jedoch kein absichtlicher war (wenn beispielsweise beim Städtebau keine Korridore für wildlebende Tiere eingeplant werden und eine im Stadtpark lebende Wildkaninchenpopulation dadurch keine Möglichkeit hat, auf Individuen einer anderen Population zu treffen).

Ebenso wie Domestikation stellt in diesem Ansatz auch *wildness* eine Mensch-nichtmenschliches Tier-Beziehung dar, und nicht etwa eine Fähigkeit oder Eigenschaft.

Da viele nichtmenschliche Tiere in relevanten Mensch-nichtmenschliches Tier-Beziehungen nicht vollständig wild oder vollständig domestiziert sind, spielt die sogenannte Kontaktzone ebenfalls eine zentrale Rolle. Die nichtmenschlichen Tiere in dieser Kontaktzone werden in der bisher bestehenden Tierethik-Literatur am wenigstens behandelt, dabei sind genau sie es, denen die meisten Menschen, abgesehen von ihren als ‚Haustieren' gehaltenen nichtmenschlichen Tieren oder in Berufen wie SchlachterIn, LandwirtIn, TierpflegerIn o.ä., am häufigsten begegnen (ebd., 66). Typische Beispiele für nichtmenschliche Tiere in der Kontaktzone sind Spatzen, urbane Krähenvögel, in Vorgärten lebende Singvögel und urbane

Nagetiere wie Ratten oder in Stadtparks lebende Kaninchen und Eichhörnchen.

3.2.4 Drei Formen der Laissez-Faire-Intuition

Für Palmer gilt also die *Laissez-Faire-Intuition* (LFI), solange keiner der Kontexte zutrifft, aus denen sich Hilfspflichten ergeben. Diese Intuition besagt, man solle die Tiere einfach sein lassen, ohne sich in ihre Leben einzumischen. Palmer unterscheidet zwischen drei möglichen Formen der LFI:

1. *Die Starke LFI*: Man sollte wildlebende Tiere prima facie weder schädigen noch ihnen beistehen; man sollte überhaupt nicht in ihr Leben eingreifen.
2. *Die Schwache LFI*: Man sollte wildlebende Tiere prima facie nicht schädigen und es besteht keine Pflicht ihnen beizustehen. Es ist allerdings (manchmal oder immer) erlaubt, ihnen beizustehen.
3. *Die Kein-Kontakt LFI*: Man sollte wildlebende Tiere prima facie nicht schädigen und es besteht keine Pflicht ihnen beizustehen, es sei denn, es treten bestimmte Umstände auf, die eine solche Pflicht generieren. Beistand ist (manchmal oder immer) erlaubt.

Alle drei Formen sind kompatibel mit der Ansicht, dass Hilfspflichten gegenüber domestizierten Tieren bestehen. Die Kein-Kontakt LFI hält Palmer für die plausibelste. Sie lässt jedoch nicht unerwähnt, dass alle drei Formen der LFI sowie die zentrale These ihres Werkes, eine Annahme implizieren, die durchaus als problematisch angesehen werden kann, nämlich die der Ungleichbehandlung von Individuen, die die gleichen Eigenschaften besitzen. Warum sie dennoch für solch eine Ungleichbehandlung plädiert, zeigen ihre Argumente für die Kein-Kontakt LFI. Bevor diese ausgeführt werden, werden Palmers Gründe gegen die Starke LFI aufgezeigt.

Die von ihr betonte Kompatibilität ihres relationalen Ansatzes mit Regans Rechte-Ansatz zeigt, dass sie die Starke LFI nicht vertritt, da Hilfspflichten gegenüber wildlebenden Tieren, denen durch moralische AkteurInnen Schaden zugefügt wurde, nicht von vornherein ausgeschlossen sein sollten. Das Akzeptieren dieser Forderung trennt die Schwache und die Kein-Kontakt LFI von der Starken LFI.

Eine Position, die der Starken LFI sehr ähnlich ist, argumentiert auf der Basis des Wesens wildlebender Tiere. Sie besagt, dass es dem Wesen dieser Tiere widerspricht, ihnen beizustehen. Eine Vertreterin dieser Auffassung ist Jennifer Everett. In *Environmental Ethics, Animal Welfarism, and the Problem of Predation: A Bambi Lover's Respect for Nature* (2001)[64] argumentiert Everett ebenfalls für eine Ungleichbehandlung domestizierter und wilder Tiere. Sie baut auch auf Regans Rechte-Ansatz auf und stellt gewissermaßen wie Palmer eine Erweiterungsmöglichkeit seines Ansatzes dar. Wildlebende wie auch domestizierte Tiere sind Subjekte eines Lebens, denen eine respektvolle Behandlung zukommen sollte. Jedoch sind Hilfspflichten gegenüber allen Subjekten eines Lebens nur gerechtfertigt, wenn sie nötig sind, damit das Individuum seiner ‚Natur' gemäß gedeihen kann. Es ist gegen das Wesen eines menschlichen Kindes, es nicht vor einem Prädator zu retten, da wir nicht als Menschen gedeihen könnten, würden wir uns nicht auf die Hilfe anderer Menschen verlassen (können), nicht jedoch gegen das Wesen eines Rehs, es nicht vor einem Prädator zu retten.

> [...] the deer is a wild animal and, as such, the sort of creature whose flourishing is generally thought incompatible with widespread human intervention. [...] Indeed, if such assistance was consistently forthcoming, it is questionable whether they could flourish according to their natures. (Everett 2001, 54)

Wildlebende Tiere haben andere Instinkte als domestizierte Tiere, und es ist ein wesentlicher Punkt in Everetts Verständnis von Gedeihen, dass man in der Lage ist, seinen Instinkten nachzukommen. Dies ist eine Begründung dafür, weshalb ‚Nutz'- und ‚Haustiere' eine andere Beschaffenheit haben sollen als wildlebende Tiere. Bei ersteren sprechen Hilfspflichten nicht gegen ihre ‚Natur'. Was abgesehen von den Instinkten konkret das Wesen wildlebender Tiere ausmachen soll und was sie unter wesensgemäßem Gedeihen versteht, erläutert Everett nicht. Das ist problematisch, da es ein großes Manko darstellt, wenn die zentralen Begriffe eines Ansatzes nicht definiert werden.

---

64 Der etwas wundersam anmutende Titel ergibt sich daraus, dass dieser Text eine Reaktion ist auf einen Aufsatz von Ned Hettinger mit dem Titel *Valuing Predation in Rolston's Environmental Ethics: Bambi Lovers Versus Tree Huggers* (1994), in dem Hettinger deutlich macht, dass man seines Erachtens entweder ein_e Bambi-LiebhaberIn (sprich *animal activists*) oder ein_e Bäume-UmarmerIn (sprich *environmentalists*) sein kann, da Bambi-LiebhaberInnen die Prädation bedauern müssen und dieses Bedauern wiederum Respekt vor ‚der Natur', vor natürlichen Prozessen und vor der evolutionären Entstehung der Spezies Mensch vermissen lässt. Everett zeigt, wie leicht sich Hettingers Behauptungen ad absurdum führen lassen (Everett 2011, 57-59).

Palmer kritisiert an Everetts Position, dass eine Ansicht wie die, die im eben aufgeführten Zitat deutlich wird, nicht offensichtlich aus der individualistischen, auf den inhärenten Wert zentrierten, Position folgt, die Everett verteidigt. Sie betrifft eher das Gedeihen von Arten, da man plausibel erläutern kann, dass Prädation oder das Sterben-Lassen schwacher Individuen zum Vorteil einer Spezies sein kann. Diese Kritik Palmers ist meines Erachtens nicht zwangsläufig stichhaltig, da in der Praxis stark ins Leben eines z.B. Rehs eingegriffen werden müsste, um es vor allen Prädatoren zu schützen. Solche Eingriffe könnten das Reh daran hindern, seinen Instinkten nachzukommen, wenn es beispielsweise eingesperrt wird. Das Einsperren beschränkt das individuelle Reh auf eventuell grundlegende Art und Weise, nicht die Art *Capreolus capreolus*.

Stichhaltig ist dagegen Palmers Aussage, bezüglich wilder Individuen sei es nicht einfach, ein Nicht-Gedeihen-Können durch menschliche Eingriffe zu begründen. Sowohl kurzfristig als auch langfristig betrachtet kann es der Fall sein, dass menschliche Hilfeleistungen dem Individuum mehr schaden als helfen oder aber mehr helfen als schaden. Ein allgemein gültiges Prinzip in Bezug auf das Verhindern eines ‚wesensgemäßen' Gedeihens von wildlebenden Tieren durch menschlichen Beistand lässt sich nicht erstellen.[65]

Beim Vergleich mit Everetts Text fällt ein großer Vorteil von Palmers Ansatz auf. Fast jeden potentiell strittigen Begriff, den sie einführt und der eine Rolle in ihrer Argumentation spielt, definiert sie. So wird deutlich, wovon exakt sie spricht, was sie impliziert und man bekommt als LeserIn nicht das Gefühl, sich in leeren Worthülsen zu verlieren.

Palmer merkt an, dass das vermutlich einzige Argument, auf dem die Starke LFI aufgebaut werden kann, das, von einigen holistischen UmweltethikerInnen vertretene, des eigenen Wertes von *wildness* ist, den es zu schützen gilt und der die Interessen einzelner Individuen trumpft.[66] Aber

65 Dies bezieht sich auf ein Verständnis von *animal well-being* als erfahrbar, wie Palmer es vertritt. Man könnte *animal well-being* alternativ auch durch eine objektive Liste dessen, was Gedeihen für ein nichtmenschliches Tier bedeutet, ausdrücken (s.o. Kap. 3.1) und *wildness* als eine Art von Fähigkeit in Nussbaums Sinn verstehen. Da Palmer *wildness* als Beziehung, nicht als Fähigkeit, versteht, hält sie diese Sichtweise für verfehlt (Palmer 2010, 81). Für Kritik an Everetts Argument s. auch Hadley 2006, 449.

66 Holmes Rolstons Ansicht nach überwiegt der Schutz ökologischer und evolutionärer Werte das Leid wildlebender Tiere. Menschen sollten wildlebenden Tieren in Lebensgefahr nicht beistehen, da dadurch die natürliche Selektion beeinflusst wer-

selbst VertreterInnen solch einer (schwer begründbaren) Sichtweise sollten laut Palmer etliche Gründe akzeptieren können, die für die Kein-Kontakt LFI sprechen, weil der Kontakt, der zu den Hilfspflichten führt, die vollkommene *wildness* des nichtmenschlichen Tieres, die es angeblich mehr als das Individuum zu schützen gilt, bereits kompromittiert hat.

Der in der vorliegenden Arbeit vertretene Ansatz geht von einem sentientistischen Standpunkt aus, Annahmen der direkten moralischen Berücksichtigungswürdigkeit aller ‚Ganzheiten' (wie Ökosystemen und Arten) und Prozessen werden als verfehlt angesehen (vgl. Kap.2). Damit ergibt sich keine Grundlage, auf der eine Position wie die der Starken LFI haltbar wäre.

3.2.5 Hilfspflichten und die Kein-Kontakt Laissez-Faire-Intuition

Da hier wie bei Palmer die Ansicht vertreten wird, dass die Kein-Kontakt LFI die plausibelste der drei LFI-Formen ist, wird auch hier das Augenmerk darauf gerichtet, diese argumentativ zu untermauern. Dass es für die Starke LFI nur ein Argument gibt, das zudem nicht überzeugt, wurde eben aufgezeigt. Dass die Schwache LFI nicht vertreten werden sollte, folgt aus den schlagkräftigen Gründen, die für das Gebot von Hilfspflichten gegenüber wildlebenden Tieren in bestimmten Fällen sprechen, wie sie nur die Kein-Kontakt LFI definiert.

Um sich für die Kein-Kontakt LFI auszusprechen, muss zuvor begründet werden, warum im Gegensatz zum Fall der domestizierten Tiere im Fall der wildlebenden Tiere keine apriorischen Hilfspflichten bestehen, doch in der Kontaktzone auch Hilfspflichten gegenüber wildlebenden Tieren generiert werden. Auf dieser Grundlage baut die Kein-Kontakt LFI auf.

Eine damit verbundene Argumentationslinie ist die der Distanz, da sowohl konstitutive als auch standortsbedingte *wildness* als Distanz von

---

den kann, die angeblich einen schützenswerten Wert an sich hat (Palmer 2010, 56). Rolston und andere VerfechterInnen dieser Auffassung müssen begründen können, warum Ökosysteme, natürliche Prozesse und Arten von *direkter moralischer* Bedeutung sein sollen. Da hier nicht in grundsätzliche Debatten um das Inklusionsproblem verfallen werden soll, werden diese Argumente hier nicht erörtert. Für eine Kritik am Biozentrismus, Holismus und Ökozentrismus s. Ott 2003, 133-145.

menschlichen Interaktionen und Einflüssen gesehen werden kann (Palmer 2010, 85). Es stellt sich die Frage, ob Distanz moralische Bedeutung zukommen soll oder nicht. Dies ist eine stark umstrittene und heftig debattierte Frage in der Moralphilosophie sowie der politischen Philosophie.[67]

Da diese Frage im menschlichen Fall grundlegende Verständnisse von Gerechtigkeit betrifft, sei an dieser Stelle auf Palmers Auffassung darüber eingegangen, ob nichtmenschliche Tiere in den Umfang der Gerechtigkeit fallen. Sie gesteht etliche Schwierigkeiten beim Übertragen von Gerechtigkeitsansprüchen von Mensch-Mensch-Beziehungen zu Mensch-nichtmenschliches Tier-Beziehungen ein, benennt diese allerdings nicht. Dennoch hält sie die Verwendung von Konzepten, die im menschlichen Fall Grundprobleme von Gerechtigkeit betreffen, für geeignet, um sie auch im Kontext nichtmenschlicher Tiere anzuwenden, da bedeutende Ähnlichkeiten in den Kontexten vorliegen. Im Gegenteil zu Regan und Nussbaum (gegen deren Benutzung des Gerechtigkeits-Begriffs, wie er auch bezüglich Menschen angewandt wird, sie keine Einsprüche erhebt) pocht sie jedoch nicht auf den Gebrauch des Begriffs Gerechtigkeit. Darum entwickelt sie keine Argumentation, um solch eine Verwendung zu verteidigen. Man kann ihres Erachtens im Fall nichtmenschlicher Tiere auch von einer *Analogie zur Gerechtigkeit* sprechen.

> Concerns about "justice" and "injustice" [...] emerge out of social and/or political contexts, contexts that involve human intentions and moral responsibility. (ebd., 87)

Aus diesem Verständnis folgt, dass die Situationen wildlebender Tiere keinen Fall von Ungerechtigkeit darstellen, da sich vollkommen wilde Tiere außerhalb menschlicher sozialer und politischer Kontexte befinden, also nicht im (moralischen) Verantwortungsbereich der Menschen liegen.

Palmer verweist hier auf die Argumentation Pogges, der zufolge sich Hilfspflichten gegenüber räumlich distanzierten Menschen auf Grund von kausalen Verstrickungen ergeben. Die Menschen der Länder des globalen Nordens sind durch eben diese Verstrickungen zum Teil verantwortlich für die Situationen der Menschen in den Ländern des globalen Südens; die Wohlhabenden dieser Erde haben es versäumt, ihren Pflichten niemanden zu schädigen nachzukommen (Pogge 2007). Hilfspflichten gegenüber an-

67 Für die Auffassung, Distanz sollte als moralisch irrelevant gesehen werden s. Unger 1996 und Singer 1972, weitere Auseinandersetzungen mit dem Thema bieten Narveson 2003 und Nozick 1974.

deren Menschen, egal ob räumlich entfernt oder nicht, werden u.a. dadurch generiert, dass die Situationen, in denen sie sich befinden, auf Ungerechtigkeiten basieren. Das ist bei wilden Tieren, wie bereits beschrieben, nicht der Fall.

Solch eine Herangehensweise hält Palmer für plausibel, um die Kein-Kontakt LFI zu untermauern. Es besteht allen nichtmenschlichen Tieren gegenüber die negative Pflicht, sie nicht zu schädigen. Dagegen müssen sich Anforderungen, ihnen beizustehen, aus einer irgendwie gearteten Form von Beziehung ergeben, sonst existieren sie nicht.

Eine Art und Weise, wie solche Erfordernisse entstehen können, sind kausale Verstrickungen, Vorgeschichten und Rahmenbedingungen, bei denen Menschen verantwortlich für Schädigungen nichtmenschlicher Tiere sowie das Erzeugen von Abhängigkeiten sind oder waren. Wenn einer dieser Fälle vorliegt, entstehen Hilfspflichten, auch im Fall wildlebender Tiere. Das spricht gegen die Schwache LFI, wonach Beistand zwar nie verboten, jedoch auch nie geboten ist.

Es stellt sich hier nun aber, wie Palmer selbst beschreibt, die Frage, die auch Regan scharfe Kritik an seiner Begründung für den Umgang mit wildlebenden Tieren eingebracht hat: Was ist mit den Fällen, in denen wir anderen Menschen aus lebensbedrohlichen Situationen helfen könnten, die nicht als Folge einer Ungerechtigkeit eingetreten sind, sondern ein Unglück darstellen oder die Folge einer natürlichen Bedrohung? Wie sieht dies analog bei nichtmenschlichen Tieren aus? Geltend zu machen, warum es geboten sein sollte, einen Menschen zu retten, der auf Grund eines Unfalls vor unseren Augen am Ertrinken ist – wenn man sich in der Lage befindet dies zu tun –, ein in ‚freier Wildbahn' in einen zu stark strömenden Fluss geratenes Gnu, das vor unseren Augen am Ertrinken ist, dagegen nicht – obwohl wir in der Lage dazu wären –, stellt eine Schwierigkeit für den relationalen Ansatz dar.

Es gibt jedoch konsistente Antworten darauf. Palmer führt an, dass es auch im Fall natürlicher Bedrohungen bei domestizierten Tieren sein kann, dass Hilfspflichten entstehen, da die Vulnerabilität dieser Tiere gegenüber den natürlichen Bedrohungen vom Menschen generiert wurde. So sollte eine Hauskatze aus einem überfluteten Haus gerettet werden, auch wenn diese Flut keine Ungerechtigkeit darstellt, da es Menschen waren, die sie in diese missliche Lage gebracht haben. Was Palmer bis zu dem Punkt nicht dargelegt hat, ist eine Begründung, warum im menschlichen Fall Hilfspflichten in Situationen, die auf natürliche Bedrohungen oder auf Unglück zurückgehen, existieren könnten. Solche Begründungen sollten ihrer Ansicht nach auf Beziehungen anstatt auf Eigenschaften aufbauen (ebd., 121). Sie verweist dafür auf die drei Arten, wie sich laut Scheffler (1997) spezielle moralische Verantwortungen aus Beziehungen ergeben.

1. moralische Verantwortungen, die aus vergangenen Interaktionen (wie Schädigungen oder Abkommen) hervorgehen,
2. moralische Verantwortungen, die durch spezielle Beziehungen (wie Elternschaft, Freundschaft, Vormundschaft) entstehen, und
3. moralische Verantwortungen, die der Zugehörigkeit zu einer Gruppe entspringen. (Scheffler 1997, 190)

Wie im Folgenden noch deutlich werden wird, spricht Palmer sich klar und ausführlich für 1. und 2. aus, wohingegen sie 3. allein aus dem Grund heranzieht, um die gerade aufgeworfene Frage nach Beistandspflichten gegenüber anderen Menschen in Notsituationen zu beantworten, die keine Ungerechtigkeit darstellen. Sie verwendet die Begriffe Gruppe bzw. Gemeinschaft im Sinne des Etablierens einer Zugehörigkeitsgrenze, aus der sich strengere oder mehr positive Pflichten gegenüber den Individuen, die Mitglieder dieser Gruppe bzw. Gemeinschaft sind, ergeben als gegenüber anderen.

Diese Sichtweise birgt Streitpunkte in sich. Einen davon stellt meines Erachtens die Schwierigkeit der ‚Definition durch Abgrenzung' dar, da jede Gruppe sich als solche in irgendeiner Art und Weise von anderen abgrenzt. Einer solchen Abgrenzung moralische Relevanz zukommen zu lassen, ist nicht unproblematisch,[68] auch wenn Gruppenzugehörigkeit eine Form von Beziehung darstellt und man wohl akzeptieren muss, dass jede Art von Beziehung in irgendeiner Weise eine Abgrenzung zu denen darstellt, die sich nicht in dieser befinden.

68 Es lässt sich nicht leugnen, dass wohl jeder Mensch sich in irgendeiner Art und Weise bestimmten Gruppen/Gemeinschaften zugehörig fühlt und sich in irgendeiner Form der Abgrenzung von anderen definiert. Solange dabei ausreichend Toleranz für andere Gruppen/Gemeinschaften bestehen bleibt, ist das auch nicht zu beanstanden. Dennoch ist es bedenklich, diesem moralische Relevanz zuzusprechen, da eine solche Position Gefahr läuft, allzu leicht missbraucht zu werden, um beispielsweise negative Pflichten in Nicht-Konflikt-Situationen für die eigenen Gruppenmitglieder auch als stärker wahrzunehmen, und somit potentiell abwertende Gedanken gegenüber Individuen anderer Gruppen implizieren kann. Es laufen vermutlich viele überzeugende Argumente Gefahr, missbraucht zu werden, daher sollte das nicht zwangsläufig als Grund genommen werden, solch ein Argument a priori auszuschließen. Wenn man jedoch darauf verzichten kann, scheint es besser, das zu tun.

Palmer stellt die Herangehensweise von Francis und Norman (1978) dar, um eine Position zu prüfen, die auf moralischer Relevanz von Gruppenzugehörigkeit aufbaut. Die Autoren plädieren für ein Verständnis einer großen menschlichen Gemeinschaft, das sich aus den Beziehungen, die alle Menschen untereinander haben, ergibt (Francis/Norman 1978, 518). Die Art von Beziehungen, die sie hierfür aufführen (gegenseitig funktionierende Kommunikation, reziproke ökonomische Beziehungen, Kooperationen, gemeinsame politische Institutionen, Zugehörigkeit zu politischen Gemeinschaften und familiäre Beziehungen), sind äußerst problematisch, da sie damit zum einen manche Menschen ausschließen, und zum anderen einige nichtmenschliche Tiere einschließen müssten. Wie so oft ist es auch mit dieser Begründung nicht möglich, gleichzeitig alle Menschen ein- und dabei alle nichtmenschlichen Tiere auszuschließen. Palmer spricht sich daher dafür aus, den Ansatz der globalen menschlichen Gemeinschaft auf eine globale *gemischte* Gemeinschaft auszudehnen, die alle Menschen und einige nichtmenschliche Tiere (diejenigen, mit denen Menschen starke soziale Beziehungen unterhalten) enthält. Dies könnte als Grundlage dafür dienen, warum (zumindest schwache) Hilfspflichten gegenüber Mitmenschen in allen Notsituationen bestehen. Vorausgesetzt man ist gewillt, Gruppenzugehörigkeit als moralisch relevant zu akzeptieren.

In jedem Fall sollte eine Ethiktheorie Argumente dafür liefern können, dass Hilfspflichten gegenüber anderen Menschen auch in Notlagen, die keine Ungerechtigkeit darstellen, gegeben sind. Das von einer Flut ergriffene Kind ist immer zu retten, wenn keine moralisch relevanten Gründe dagegen sprechen. Ein wildes Eichhörnchen, das sich nicht in der Kontaktzone befindet, muss dagegen laut Palmer nicht aus der Flut gerettet werden. Wie in Kapitel 3.2.9 dargestellt wird, führt sie allerdings tugendethische Argumente[69] auf, weshalb man gut daran täte, es zu retten, und dass dies eventuell doch eher einer sehr schwachen Hilfspflicht nahekommt als einer supererogatorischen Handlung.

Auch wenn Palmer von einer gemischten Gemeinschaft von allen Menschen und nichtmenschlichen Tieren, die mit ihnen in relevanten Beziehungen stehen, spricht, setzt sie sich an dieser Stelle dem Speziesismus-Vorwurf aus. Warum soll ausgerechnet die menschliche Gemeinschaft –

69 Tugendethische Tierethikpositionen wurden in Kapitel 2 nicht vorgestellt, da diese im Tierethikdiskurs nicht so dominant sind wie die dargestellten Ansätze. Für eine Darstellung der Tugendethik s. Hursthouse 2007 und für eine Abhandlung der Tugendethik in der Tierethik s. Hursthouse 2011, vgl. auch Wolf 2012, 64-66.

inklusive der nichtmenschlichen Tiere, die in relevanten Beziehungen zu ihnen stehen – diejenige sein, *innerhalb derer* Hilfspflichten auch in Unglücksfällen bestehen, *außerhalb derer* für Hilfspflichten in Unglücksfällen weitere Begründungen von Nöten sind oder sie nicht bestehen? Warum nicht die Gemeinschaft aller empfindungsfähiger Lebewesen? Sie nennt hierfür keine Gründe.

Um zurück zu Palmers Begründungsstrategie zu kommen: Für eine ausreichende Argumentation zugunsten der Kein-Kontakt LFI ist neben der Darlegung, wann wildlebenden Tieren gegenüber doch Hilfspflichten bestehen, wann sie in die Kontaktzone geraten oder Opfer von Ungerechtigkeit werden, auch eine Darlegung notwendig, warum domestizierten Tieren und Tieren in der Kontaktzone gegenüber solche Verpflichtungen bestehen. Dies wird im Folgenden ausgeführt.

3.2.6 Dependenz und Vulnerabilität

Als erstes soll auf domestizierte Tiere eingegangen werden. Die Gründe, weshalb Pflichten zum Beistand für nichtmenschliche Tiere in der Kontaktzone entstehen, werden danach behandelt. Menschen sind bezüglich domestizierter Tiere verantwortlich für

a) die Situation, in der diese nichtmenschlichen Tiere sich befinden,
b) zentrale Facetten des Wesens domestizierter Tiere, einschließlich der häufigen Unfähigkeit für sich selbst zu sorgen, und
c) die bloße Existenz der meisten domestizierten Tiere, stark konträr also zu wildlebenden Tieren. (Palmer 2010, 91)

Die Optionen a) und b) machen ‚Nutz'- und ‚Haustiere' besonders verletzlich, sie benötigen menschliche Unterstützung um gedeihen zu können. Palmers Verständnis von Vulnerabilität lehnt sich an eine Definition von Goodin an: A ist verletzlicher gegenüber B,

1. je mehr Kontrolle B über Handlungen hat, die A's Interessen betreffen, und
2. je stärker A's Interessen auf dem Spiel stehen bei den Handlungen, über die B Kontrolle hat. (ebd.)

Da bei den meisten domestizierten Tieren Menschen die volle Kontrolle über die elementaren Interessen dieser Tiere haben, sind sie in hohem Grade verletzlich und oftmals komplett von Menschen abhängig. Diese Dependenz ist meist permanent und lebenslang. Ein weiteres wichtiges Kriterium von Abhängigkeit ist die auftretende Machtasymmetrie. Der untergeordnete Part benötigt die Ressourcen, die der übergeordnete Part bereithält und kontrolliert, und hat keine andere Bezugsquelle.

Palmer unterscheidet zwei Formen der Dependenz: externe und interne.

- *Externe Dependenz* tritt auf, wenn Tiere in der Lage wären, sich in ihrem ursprünglichen Habitat selbst zu versorgen, aber durch Gefangenschaft davon abgehalten werden und so von Menschen abhängig sind im Bezug auf Nahrungsversorgung und Schutz.
- *Interne Dependenz* ist die Form der Abhängigkeit, die bei der Domestizierung meist auftritt. Domestizierte Tiere werden vorsätzlich von Menschen derart geformt, wie es nach menschlichem Gusto ist. Das kann sich auf ihre Körperform, Haarlänge, Anfälligkeit für Krankheiten, Zeugungsfähigkeit, Temperament, Produktion von Muskelmasse und anderes beziehen. Viele dieser nichtmenschlichen Tiere sind schlicht nicht mehr in der Lage, in einer ‚freien Wildbahn' zu überleben, andere könnten dies nur noch schlecht. Sie brauchen Menschen um zu überleben und um Gedeihen zu können, sind also hochgradig von ihnen abhängig.

Aus dem Erzeugen dieser, meist permanenten, Verletzlichkeit und Abhängigkeit nichtmenschlicher Tiere gehen in Palmers relationalem Ansatz spezielle Verpflichtungen zum Beistand hervor.

Die Forderung, dass Vulnerabilität und Dependenz spezielle Verpflichtungen generieren, wird auch bezüglich Menschen gestellt, allerdings tritt bei domestizierten Tieren die zusätzliche Komponente auf, dass es sich bei diesen nicht um ein Unglück oder Zufall handelt, dass sie derart verletzlich und abhängig sind, sondern dass dies bewusst von Menschen erzeugt wurde:

> It is not, for instance, as though people have just stumbled upon mice populations especially susceptible to forms of cancer or hairless cats that burn with any exposure to the sun. Animals have been shaped that way by people; people have voluntarily created animals to be vulnerable and dependent. (ebd., 94)

Der dazu noch am ähnlichsten scheinende menschliche Fall ist das Zeugen von Kindern, jedoch mit dem Unterschied, dass Kinder in der Regel nach einer gewissen Zeit von ihren Eltern unabhängig werden und falls dies nicht der Fall sein sollte, stellt es meist eine Art ‚Unglück' dar und wurde nicht bewusst generiert. "This deep involvement in the creation of the very nature and capacities of a sentient being, [...] I suggest, creates an intensified moral responsibility for its welfare." (ebd., 95) Diese Verantwortung für das Wohlergehen beinhaltet nicht nur, das Individuum nicht zu schädigen, sondern ebenso, ihm, wenn es sein muss, beizustehen. Es stellt sich nun aber die berechtigte Frage, *wer* genau die Verantwortung und somit die daraus resultierenden Verpflichtungen trägt, da die meisten Menschen keine haarlosen Katzen, krebsanfälligen Mäuse oder Truthähne, die vor lauter Masse nicht mehr laufen können, züchten. Darauf soll im übernächsten Abschnitt eingegangen werden.

3.2.7 Wiedergutmachung vergangener Schädigungen

Ein weiterer Kontext, aus dem sich spezielle Verpflichtungen gegenüber nichtmenschlichen Tieren ergeben können, sind vergangene Schädigungen, die sich nach wie vor negativ auf das Leben der Geschädigten auswirken.[70] Eine solche Forderung erinnert stark an Reparationsforderungen, wie sie im Fall vergangenen Unrechts, das Menschen erlitten haben, kontrovers diskutiert werden. Palmer argumentiert, dass Reparationsansprüche im menschlichen Kontext und zurück gerichtete spezielle Verpflichtungen im Kontext nichtmenschlicher Tiere zwar nicht identisch sind, einige der Fragen, die bezüglich Wiedergutmachung im menschlichen Fall diskutiert werden, jedoch als parallel zu manchen tierlichen Fällen gesehen werden können.

Da im Begriff der Reparationen oft etwas mitschwingt, was im menschlichen Fall sehr wichtig, im Fall nichtmenschlicher Tiere jedoch unwichtig ist, kann es angebracht sein, bei nichtmenschlichen Tieren nicht von Wiedergutmachung im klassischen Sinn zu sprechen. Es geht hierbei um die psychologische Komponente. Das Gefühl zu bekommen, dass die Schädigung von einer Öffentlichkeit als solche wahrgenommen wird, kann für menschliche Opfer von Schadenszufügungen, die einen Anspruch auf Wiedergutmachung hervorrufen, einen wesentlichen Punkt ihres Bedürfnisses nach derselben darstellen. Im Fall nichtmenschlicher Tiere wird das kaum der Fall sein. Da diese, durchaus zentrale, Komponente wegfällt, sind die Ansprüche nichtmenschlicher Tiere auf Wiedergutmachung schwächer als beim Menschen. Wenn Wiedergutmachung derart angesehen wird, dass der psychologische Nutzen, der mit ihr einhergeht, eine zentrale Rolle spielt, ist es durchaus möglich, dass der Begriff für nicht-

70 Ein *compensatory principle for animals* führt auch Regan im Vorwort zur 2. Auflage seines Werks *The Case For Animal Rights* ein (Regan 2004, xl).

menschliche Tiere nicht als akzeptabel angesehen wird. Palmer sieht das nur als einen Grund an, weshalb Entschädigungsforderungen für nichtmenschliche Tiere *schwächer* sind, nicht dafür, dass sie nicht existent sein sollen (ebd., 100-101). Statt von Wiedergutmachung könnte man schlicht von (zurück gerichteten[71]) speziellen Verpflichtungen, die sich aus bestimmten Beziehungen ergeben, sprechen. Der besseren Verständlichkeit des Textes wegen wird im Weiteren dennoch von Wiedergutmachung oder Entschädigung gesprochen, statt von (rückblickenden) speziellen Verpflichtungen, die sich aus bestimmten Beziehungen ergeben.

Dass Entschädigungsforderungen für nichtmenschliche Tiere durchaus ihre Berechtigung haben, begründet Palmer, indem sie potentielle Einwände zu entkräften versucht. Auf den Einwand, die betroffene Gruppe müsse die Schädigung als solche erkennen, erwidert sie, dass eine Schadenszufügung nicht deshalb falsch ist, weil sie von den Opfern als solche angesehen wird, sondern weil die Tat an sich falsch ist. Daher ist es auch die Tat an sich, die eine Art Wiedergutmachungsforderung generiert, nicht das Erkennen des Geschädigt-Seins. Das Erkennen dieser Schädigung kann höchstens Grund für zusätzliche Ansprüche sein. Auf solch einer Basis können nichtmenschliche Tiere nicht ausgeschlossen werden und die Tatsache, dass sie VertreterInnen benötigen, um ihre Interessen gewährleistet zu bekommen, bedeutet nicht, dass Forderungen nach einer Entschädigung in ihrem Fall nicht gerechtfertigt sein können. Palmer verweist hier auf die Menschen, die in solchen Fällen ebenfalls vertreten werden müssen und dennoch berechtigte Ansprüche auf Wiedergutmachung hätten. Im Fall von Kindern könnte zwar der Einwurf erbracht werden, dass diese irgendwann in der Lage sein werden, das Geschädigt(worden)-Sein als solches zu erkennen, nichtmenschliche Tiere dagegen diese Fähigkeit nie erreichen werden. Mit dem Verweis auf die Menschen, die diese Fähigkeit auch nie erlangen werden, lässt sich jedoch auch gegen solch einen Einwurf argumentieren, da es in ihrem Fall nicht minder eine Schädigung darstellt, wenn sie beispielsweise von Territorien vertrieben werden, als bei Menschen, die diese Fähigkeit besitzen.[72]

---

71 Palmer geht davon aus, dass Wiedergutmachung immer in irgendeiner Weise rückblickend ist (Palmer 2010, 97). Für eine Position, die besagt, dass nur zukunftsgerichtete Faktoren Gründe liefern, historische Ungerechtigkeiten auszugleichen, s. Wenar 2006.

72 Es sei denn, man vertritt eine Position wie Frey (2007), der besagt, Menschen mit geringen kognitiven Fähigkeiten würde ein geringerer moralischer Status zukom-

Auf die Frage, ob die Schadenszufügung absichtlich gewesen sein muss, um Kompensationsansprüche geltend machen zu können, verweist Palmer auf das Beispiel Peter Ungers, demzufolge es in einer Spielstraße auch dann moralisch falsch ist, schnell und rücksichtslos Auto zu fahren, wenn kein Schaden dabei entsteht. Ähnlich kann man es in Bezug auf Naturareale sehen: Es ist bekannt, dass dort wildlebende Tiere leben. Wenn Pläne gemacht werden, solche Gebiete beispielsweise in Bauland umzuwandeln, und dabei keine Bemühungen angestellt werden, herauszufinden, welche nichtmenschlichen Tiere ebenda leben und wie man zumindest ihre grundlegendsten Interessen bewahren könnte, kann das als ähnlich[73] moralisch falsch betrachtet werden, wie das rasante Autofahren in einer Spielstraße. Die_der Handelnde weiß, was ein derartiges Verhalten mit großer Wahrscheinlichkeit zur Folge haben kann, auch wenn eine Schädigung nicht direkt beabsichtigt wird. Die daraus resultierenden Ansprüche sind allerdings schwächer als im Fall einer absichtlichen Schadenszufügung.

Die eben schon angeklungene Fokussierung auf wildlebende Tiere hat ihre Berechtigung, da Ansprüche auf Wiedergutmachung laut Palmer normalerweise

a) Schädigungen unabhängig existierender Individuen (oder Gruppen, je nach Ansatz) beinhalten, die durch moralisch nicht zu rechtfertigende Handlungen anderer schlechter gestellt wurden als vor diesen Handlungen, und
b) Schädigungen beinhalten, die nun geendet haben, deren andauernden negativen Effekte sich aber noch auf die Opfer oder deren Nachkommen auswirken.

Beide Punkte treffen auf domestizierte Tiere in der Regel nicht zu. Sie werden gezüchtet, um in genau den Situationen zu sein, in denen sie sich

men als Menschen mit ‚durchschnittlichen' kognitiven Fähigkeiten. Eine solche Position halte ich für verfehlt.

73 Es ist als ähnlich zu bewerten, nicht als gleich. Im Falle einer Spielstraße kommen etliche weitere Punkte hinzu, die bei Naturarealen und den dort lebenden nichtmenschlichen Tieren fehlen, z.B. dass man auf Grund von Beziehungen dem Nachbarskind gegenüber andere Verpflichtungen hat als einem Rotfuchs gegenüber, besonders wenn der Rotfuchs als vollkommen wild angesehen werden kann und ihm gegenüber also nach Palmers Ansatz keine Hilfspflichten bestehen. Akzeptiert man Palmers Argument der moralischen Relevanz der Gruppenzugehörigkeit zur Gruppe *Homo sapiens*, trifft dies auch auf fremde Kinder in Spielstraßen fremder Städten oder Dörfer zu.

befinden. Hierfür eine Art Ausgleich zu fordern, würde extrem komplexe *non-identity* Probleme aufwerfen.[74] Diese sollen mit einer Einschränkung wie a) weitgehend außen vor gehalten werden. Es liegt nahe, dass in den meisten Fällen domestizierter Tiere die Schadenszufügungen, die zu solchen Ansprüchen führen könnten (ließe man a) unbeachtet), ohnehin andauern und somit die Beendigung der aktuellen Schädigungen verlangen, keine Wiedergutmachung für in der Vergangenheit stattgefundene.

Probleme, die mit Reparationsansprüchen bzw. speziellen Verpflichtungen, die sich aus vergangenem Schaden ergeben, entstehen, sind die äußerst schwierigen Fragen nach dem ‚wer' und ‚was'. Wer hat berechtigte Ansprüche und wer nicht; wer sollte aufkommen, und was stellt eine angemessene Entschädigung dar? Wie von Platz und Reidy (2006, 368; 370) nahelegen, sollte dies von Fall zu Fall einzeln entschieden werden, da sich darauf keine allgemeingültigen Antworten geben lassen.

Fallbeispiel der Kojoten

Wie in einzelnen, wildlebende Tiere betreffenden, Situationen entschieden werden könnte, zeigt Palmer anhand des konkreten Beispiels von Kojoten, die durch großflächige Besiedelungsmaßnahmen von ihrem Habitat verdrängt wurden und somit auch den Zugang zu ihren ‚Wurfplätzen' und Jagdgebieten verloren haben. Da Kojoten territorial sind und angrenzende Territorien bereits besetzt sind, können sie nicht einfach an einen anderen Ort ausweichen. (Ein äquivalentes Beispiel für Deutschland, wo keine Kojoten leben, könnten Füchse sein.) Das Bauen der Siedlungen hat die Kojoten nach der oben aufgeführten Definition von Schädigung getroffen und diese (abgeschlossene) Schädigung wirkt sich nach wie vor negativ auf sie aus. Zusätzliche Lebensgefahren durch Straßen und Intoleranz der BewohnerInnen sind hinzugekommen. Die Interessen der nichtmenschlichen Tiere wurden an keiner Stelle der Planung berücksichtigt. Ihnen gegenüber besteht nach Palmers Ansatz nun eine Pflicht zur Wiedergutmachung des in der Vergangenheit zugefügten Schadens. Akzeptiert man dies, stellen sich folgende, bereits oben genannte Fragen: Wer sollte für die Wiedergut-

74 Das *non-identity*-Problem geht auf Derek Parfit und sein Werk *Reasons and Persons* zurück. Bei *non-identity*-Problemen geht es um die Frage, wie mit Schädigungen umzugehen ist, ohne die ein Individuum gar nicht existieren würde. Für eine Auseinandersetzung mit diesem Argument s. z.B. Meyer 2006, 407-410.

machung aufkommen und was zählt als solche in ausreichendem Maß? Es bestehen zahlreiche potentielle Problemquellen: Identifikation der VerursacherInnen, im Laufe der Zeit verschwindende VerursacherInnen und im Laufe der Zeit schwindende Opfer,[75] wobei das vom Ansatz abhängt: Beziehen sich die Ansprüche und Pflichten auf Gruppen statt auf Individuen, können diese über sehr lange Zeiträume fortbestehen. Eine weitere Problemquelle ist die Gefahr, neue Wiedergutmachungsansprüche zu generieren.

Im Kontext der Kojoten ist es nach Palmer legitim, die Pflichten nur gegenüber zwei Generationen anzunehmen, den Individuen, die direkt verdrängt wurden und ihrem unmittelbaren Nachwuchs. Damit umgeht man das Problem schwindender Opfer und hat eine klare Antwort auf die Frage, wer Anspruch auf eine Form der Entschädigung hat.

Allerdings ist an Palmers Herangehensweise fraglich, ob sich das in allen Fällen, in denen vergangene Schädigungen Wiedergutmachungspflichten gegenüber wildlebenden Tieren hervorbringen könnten, so einfach lösen lässt. Man nehme das Beispiel einer Population wildlebender Tiere, die auf Grund menschlicher Aktivitäten (z.B. Habitatzerstörung, die die Isolation eines kleinen Teils der Population zur Folge hatte) in einen genetischen Flaschenhals ‚gedrängt' wurde. Als Folge der genetischen Verarmung sind die isolierten Individuen gegen bestimmte Krankheitserreger nicht mehr resistent. Wird eine solche Population von einem Krankheitserreger befallen, ergeben sich nach Palmers relationalem Ansatz Hilfspflichten diesen wildlebenden Tieren gegenüber, da die mangelnde Resistenz vom Menschen verschuldet ist. Natürlicherweise wären die Individuen dieser Art resistent gegen den Erreger. Ein solches Auftreten kann mehr als nur zwei Generationen betreffen. Wobei in diesem Fall wiederum die Frage aufkommt, ob man die Pflicht, diesen nichtmenschlichen Tieren, falls möglich, durch beispielsweise Impfungen zu helfen, nicht eher als typische Hilfspflicht statt als Wiedergutmachungspflicht ansehen sollte. Die Unterscheidung ist hier schwammig und beruht darauf, welche Schädigungen man als relevant zu Grunde legt, um Entschädigungspflichten zu generieren. Dadurch, dass Palmer Wiedergutmachungspflichten nicht ausrei-

75 Für eine Auseinandersetzung damit, wie schwierig es ist, die Opfer und VerursacherInnen von Wiedergutmachungsansprüchen zu benennen, s. Kukathas 2006. Wie auch die anderen aufgeführten Texte zur Thematik der Wiedergutmachung bezieht er sich nicht auf nichtmenschliche Tiere.

chend von ‚klassischen' Hilfspflichten differenziert (s. Kap. 3.2.11), bietet ihr Ansatz hierfür keine Lösung.

Um zu einer Entscheidung zu gelangen, wer im Fall der Kojoten für Kompensation aufkommen sollte, stellt Palmer, angelehnt an Caney (2006), zwei Möglichkeiten dar: Aufkommen sollten entweder die VerursacherInnen *(kausaler Ansatz),* oder die, die Nutzen von der schädigenden Handlung getragen haben *(Begünstigten-Ansatz).*[76] Palmer führt Gründe auf, warum es in dem gegebenen Fall sinnvoller ist, den Begünstigten-Ansatz zu wählen. Das bedeutet nicht, dass das in allen Fällen so entschieden werden sollte. Ihr Entschluss rührt aus dem, was für die Kojoten am sinnvollsten erscheint.

> Given what the coyotes need, they can best be assisted by the ongoing beneficiaries: those who live in the housing development that was built on their former habitat. (Palmer 2010, 105)

Aus der Wiedergutmachungspflicht folgt nicht, man müsse die Siedlung abreißen und das Gebiet renaturieren. Was folgen sollte sind Taten, die das Leben der Kojoten weniger gefährlich und einfacher für sie machen, so dass das Leben der Tiere absolut und relativ besser ist, als zu dem Zeitpunkt vor dem Beginn der Entschädigungsmaßnahmen. Da ihre Vulnerabilität extern ist, kann eine Änderung ihrer Umgebung diese reduzieren. Von einer Umsiedelung sowie von Fütterungen würden sie auf einen längeren Zeitraum gesehen nicht profitieren, daher müssen andere Maßnahmen ersonnen werden.

Konkret könnte das bedeuten, dass die BewohnerInnen neben der allen Menschen zukommenden Pflicht, die Kojoten nicht zu schädigen, auch die Pflicht haben, deren Leben einfacher zu gestalten, indem sie z.B.

- deren Anwesenheit und ein Nebeneinander-Leben tolerieren,
- umsichtig Auto fahren,
- Zäune errichten entlang von Straßen oder Gebieten, in denen es zu sonstigen Zusammenstößen kommen könnte (wie zwischen gehaltenen Kaninchen und Kojoten),
- gewisse Areale des ehemaligen Kojotenhabitats wieder restaurieren. (Etwas, das nicht nur als unangenehme Pflicht angesehen werden soll-

76 Zu Problemen mit beiden Ansätzen s. Palmer 2010, 103-104 und Caney 2006, 467-476.

te, sondern zugleich auch als Möglichkeit, das eigene Recht auf Erholung in der Natur im Wohngebiet gewährleistet zu bekommen.)[77]

Ein Punkt, an dem Palmers Gedanken jedoch etwas zu kurz greifen, betrifft den psychologischen Nutzen von Wiedergutmachungen für nichtmenschliche Tiere. Da nichtmenschliche Tiere keinen psychologischen Nutzen daraus ziehen können, dass Wiedergutmachung für sie einen Schaden kompensieren soll, sind nach Palmer Entschuldigungen und Mahnmäler in ihren Fällen verschwendet. Diese können allerdings ein Stück weit Sinn ergeben durch ihre Außenwirkung auf die menschliche Gesellschaft, auch in Bezug auf eine Besserstellung einzelner tierlicher Individuen.

> In so far as people were wronged as members of a group that continue to exist, public acknowledgment of past victims also provides a measure of acknownledgment for the group whose previous members were wronged. (Meyer 2006, S. 417)

Meyer bezieht seine Aussage nur auf Menschen, sie lässt sich aber auf nichtmenschliche Tiere übertragen. Auch eine rein symbolische Anerkennung davon, dass es z.B. falsch war, einer Wildkatzenpopulation das Habitat zu zerstören, könnte individuellen Wildkatzen zu Gute kommen, *wenn* die Anerkennung stark und ‚flächendeckend' genug ist, dass zukünftig von solchen Zerstörungen abgesehen wird. Natürlich muss es sich dabei nicht zwangsweise um eine Form von Wiedergutmachung handeln, wenn die Wildkatzen, die davon profitieren, vollkommen andere Individuen und auch keine Nachkommen der Geschädigten sind. Dennoch *könnte* es auch den Nachkommen der Geschädigten zu Gute kommen, was wiederum zur oben gestellten Frage zurückführt, wie viele Generationen bei Entschädigungspflichten gegenüber wildlebenden Tieren einbezogen werden sollen. Prinzipiell kann jedoch festgehalten werden, dass ein Akt rein symbolischer Kompensation auch im Fall nichtmenschlicher Tiere gar nicht so sinnfrei sein muss, wie es auf den ersten Blick erscheint, auch wenn weniger (rein) symbolträchtige, sondern konkrete Maßnahmen wünschenswerter sind.

---

77 Für Beispiele, wie Formen der Wiedergutmachung im Fall der von ihren Habitaten verdrängen Pumas in Kalifornien aussehen könnte, s. Gullo et al. 1998, S. 158. Es ist hier zwar nicht von Kompensation die Rede, die „Erzählung vom Puma" entspricht aber weitestgehend dem Kojoten-Fall und lässt sich daher gut als Beispiel heranziehen.

3.2.8 Gruppenverantwortung und Freiwilligkeit

Nun wird der Frage nachgegangen, ob speziellen Verpflichtungen in irgendeiner Art und Weise zugestimmt werden muss, damit sie einem auferlegt werden können. Nach Palmers Argumentation ist das nicht der Fall. Sie betont, dass diese Position strittig ist und untermauert sie mit Argumenten, die gegen die Gegenposition sprechen (Palmer 2010, 108-113). Sie behandelt die Frage anhand des Beispiels von Katzenbabys, die auf Grund eines Züchtungsfehlers ausgesetzt wurden und die jemand beim Vorbeigehen in einem Müllcontainer findet, zu jung, um ohne ihre Mutter zu überleben. Die Person, die sie findet, ist offensichtlich nicht direkt schuld an der Misere der Kätzchen, sie hat sie weder gezüchtet noch ausgesetzt. Hat sie dennoch eine Verpflichtung, diesen nichtmenschlichen Tieren zu helfen? Und wie würde es um solch eine Verpflichtung stehen, wenn es sich statt um Kätzchen um Rattenbabys handeln würde?

Im Fall der Katzenbabys hat die Person nach dem relationalen Ansatz eine schwache Verpflichtung, ihnen zu helfen, bei den Rattenbabys nicht. Vorausgesetzt natürlich, es handelt sich hierbei um frei lebende Ratten, nicht um ‚Haustierratten', und die Mutter der Kleinen wurde nicht von einem Menschen getötet.[78] Begründbar ist das mit den jeweiligen *Hintergründen.* Hinter dem_der KatzenzüchterIn steckt ein ganzes System, das System der Haustier-Industrie. Die Entscheidung, Katzen mit Züchtungsfehler wegzuwerfen, war zwar die Entscheidung eines einzelnen Menschen, sie geht allerdings auf ein komplexeres Zusammenspiel von Nachfrage und Vermarktbarkeit zurück. Diejenigen, die diese steuern, sind auch Menschen, so dass sich festhalten lässt, dass die Misslage, in der sich

78 Palmer schreibt hier von einer absichtlichen Tötung. Dass die Tötung der Mutter absichtlich gewesen sein muss, um Verpflichtungen gegenüber den Rattenbabys hervorzurufen, ist problematisch und passt nicht zu Palmers restlichem Ansatz, da die Schädigungen, die einen Wiedergutmachungsanspruch generieren, auch nicht absichtlich gewesen sein müssen. Da die Ratten nicht vollständig wild sind (in dem Fall würden keine Hilfspflichten vorliegen), sollte auch eine unabsichtliche Tötung der Rattenmutter schwache Pflichten gegenüber dem Rattennachwuchs erzeugen, um zu Palmers sonstigen Forderungen zu passen. Argumentiert werden könnte hier, dass nur die Person, die für den Tod der Mutter verantwortlich ist, eine schwache Pflicht gegenüber den Kleinen hat, aber auch das wäre nicht konform mit Palmers Ansatz, da für sie das Teilhaben an den Standpunkten einer Gruppe ausreicht, um (sehr) schwache Pflichten zu erzeugen. Die Haltung unserer Gesellschaft gegenüber in Städten frei lebenden Ratten ist eindeutig äußerst negativ.

die Kätzchen befinden, auf menschliches Fehlverhalten zurückzuführen ist – nicht zwangsläufig nur auf das eines einzelnen, sondern vieler. Die Ratten dagegen sind Opportunisten: "I call animals "opportunists" when they follow human settlements and live alongside humans." (Palmer 2003, 72) Sie sind konstitutiv wild, Menschen haben sie nicht absichtlich in ihre Siedlungen eingeführt, die Ratten sind diesen gefolgt. Die Katzenbabys sind Opfer unethischer menschlicher Handlungen, die Rattenbabys nicht zwangsläufig. Laut Palmer entsprechen urbane konstitutiv wilde Tiere vollständig wilden Tieren.

Da wildlebenden Tieren gegenüber zwar nicht a priori, jedoch beim in Kontakt-Treten mit Menschen, Verpflichtungen entstehen, macht es in der Praxis keinen großen Unterschied, ob man diese nichtmenschlichen Tiere von vornherein als sich in der Kontaktzone befindlich ansieht oder nicht. Der Kontakt mit Menschen ist so wahrscheinlich, dass vermutlich jedes dieser urban konstitutiv wilden Tiere in seinem Leben mindestens einmal in die Kontaktzone gerät. Hier stellt sich die Frage, ob ein einmal in die Kontaktzone geratenes Tier lebenslang als ‚in der Kontaktzone' zu bewerten ist, oder nur, solange dieser Kontakt besteht. Akzeptiert man Palmers Ansatz für Verpflichtungen, die diesen nichtmenschlichen Tier gegenüber auftreten (können), spielt das durchaus eine bedeutende Rolle. Darauf gibt Palmer keine Antwort, es ist jedoch ein wichtiger Punkt, den es noch zu erörtern gilt.

Die Wahrscheinlichkeit, dass ein Mensch Schuld trägt am Tod der Rattenmutter, ob absichtlich oder unabsichtlich sei dahingestellt, ist so hoch, dass mit Palmers Begründungen für eine schwache Pflicht den Kätzchen gegenüber auch eine schwache Pflicht den Rattenbabys gegenüber anzunehmen ist. So differenziert und reflektiert Palmers relationaler Ansatz ist, kann man an dieser (und einer weiteren) Stelle das Gefühl bekommen, dass sie auf menschlichen Vorurteilen aufbaut, da es ausgerechnet Ratten und, wie später noch dargelegt wird, Elstern sind, denen gegenüber keine spezielle Verpflichtungen bestehen, wohingegen sie gegenüber Kätzchen und Blaumeisenkücken (s.u. Kap. 3.2.9) bestehen. Auch wenn diese Differenzierung in der Theorie Sinn ergibt, so wird sie in der Praxis mit ziemlich geringer Probabilität auftreten, da bei urbanen Ratten und Elstern die Verflechtung mit Menschen so wahrscheinlich ist, dass schwache Pflichten entstehen werden, geht man von Palmers Argumentation aus.

Die Kontakte, die hier gemeint sind, sind direkte Kontakte, die auf Interspezies-Begegnungen aufbauen. Gemeint ist kein diffuses ‚in Kontakt-Treten', wie man es im Sinn haben könnte, wenn argumentiert wird, durch den anthropogen hervorgerufenen Klimawandel gäbe es keine vollständig wilden Tiere mehr, sie befänden sich alle in der Kontaktzone und somit bestünden allen nichtmenschlichen Tieren gegenüber Hilfspflichten. Eine solche Argumentation sollte abgelehnt werden, da es durchaus Sinn ergibt, urbane und natürliche Habitate zu unterscheiden und nicht alle als gleich anzusehen, selbst wenn die abgelegensten Wildnisgebiete durch den Klimawandel oder Schadstoffeinträge beeinflusst werden. Palmer argumentiert für die Angemessenheit solch einer Unterscheidung u.a. damit, dass es auch immer wildlebende Tiere geben wird, die vom Klimawandel profitieren oder die er nicht (oder nicht stark) beeinträchtigt (Palmer 2010, 142).

Palmers Argument für bestehende Hilfspflichten den Kätzchen gegenüber, beruht erstens darauf, dass das *voluntarist argument* nicht verallgemeinerbar ist und nicht akzeptiert werden sollte. Dieses Argument besagt, dass die Zustimmung der Individuen zu speziellen Pflichten erforderlich sei, damit sie bestehen. Palmer nennt als Gegenargument Beispiele wie die Verpflichtungen, die man als Kind seinen Eltern oder als Schwester oder Bruder seinen Geschwistern gegenüber hat, ohne diesen explizit zuzustimmen.

Zweitens gründet Palmers Argument für bestehende Hilfspflichten den Kätzchen gegenüber auf den Vorteilen, die einem Individuum zukommen. Diese müssen nicht direkt sein. Palmer benennt die Vorteile, die eine Gesellschaft durch Haustierhaltung erzielt (ebd., 110-111). Diese Vorteile, auch wenn sie gering sein mögen, kommen auch der Person, die die Katzenbabys findet, zu. Daraus ist eine schwache Pflicht abzuleiten, ihnen zur Hilfe zu kommen, es sei denn, die Person wäre bekennende_r Haustierhaltungsgegnerln. Kein ‚Haustier' zu besitzen reicht nicht aus, um sich von der Pflicht freisprechen zu können. Der Nutzen, der der Gesellschaft dadurch entsteht, kommt allen Mitgliedern zugute. Doch durch *aktive* Bemühungen, sich von dem System zu distanzieren, dessen Nutzen man nicht genießen möchte, weil man es ablehnt, kann eine Loslösung von solch einer Pflicht durchaus auftreten.

Ein dritter Aspekt in Palmers Begründung sind die von einer Gruppe gemeinsam vertretenen Einstellungen nichtmenschlichen Tieren gegenüber, die dazu führen, dass das Erschaffen abhängiger ‚Haustiere' anerkannt und gewollt ist. Solange man sich nicht öffentlich gegen diese Einstellung bekennt, ergibt sich daraus ebenfalls die schwache Pflicht, den Kätzchen beizustehen, da man (sehr) indirekt Mitschuld an ihrem Leid trägt. Eine hiermit verbundene Schwierigkeit ist die der *Gruppenverant-*

wortung. Palmer betont die Kontroversen um ein solches Argument sowie, dass ihr Ansatz nicht davon abhängt, entwickelt aber gleichzeitig eine Untermauerung desselben. Hierfür bezieht sie sich auf Virgina Held. Man stelle sich eine ethnische Gruppe A vor, in der eine sehr feindselige, abwertende Haltung gegenüber der ethnischen Gruppe B vorherrscht. ‚Nur' einzelne Mitglieder von A begehen Gewalttaten gegen Mitglieder von B, die feindliche Einstellung teilen jedoch alle. Folgt daraus nicht, dass durch die verächtliche, abschätzige Einstellung aller A-Mitglieder gegenüber B-Mitgliedern das Begehen solcher Gewalttaten durch einzelne wahrscheinlicher wird (ebd., 113)? Wenn das der Fall ist, haben auch alle eine Verantwortung für die Taten zu tragen, wenngleich in unterschiedlichem Ausmaß. Diese Pflicht besteht (nur) dann nicht, wenn man aktiv gegen die vorherrschenden Standpunkte der Gesellschaft vorgeht und sich davon distanziert. In dem hier besprochenen Fall also gegen Haustierhaltung bzw. die vorzufindende Einstellung gegenüber nichtmenschlichen Tieren im Allgemeinen.

An diesem, grundsätzlich sinnvollen, Gedanken ist zu kritisieren, dass eine große Gruppe oder Gemeinschaft nie so homogen denken wird, wie das hier vorausgesetzt ist. Ob solch ein Argument gültig sein kann, ist stark von der Gruppengröße abhängig. Wobei selbst bei kleinen Gruppen eine solche Homogenität vermutlich selten auftritt. Was Palmer bei ihrem Beispiel jedoch wahrscheinlich im Sinn hatte, wird eine sehr große Gruppe wie ‚Nation' gewesen sein. So herrscht beispielsweise in der ‚Gruppe' ‚deutsche StaatsbürgerInnen' eher eine positive Einstellung zur Haustierhaltung vor als eine negative, das System der Haustierhaltung wird stark unterstützt, ungeachtet der starken Dependenz und erhöhten Vulnerabilität der nichtmenschlichen Tiere. Es stellt sich jedoch die Frage, ab wie vielen Individuen, die sich davon distanzieren, eine Gruppe noch als *homogene* Gruppe mit der Anzahl x sich distanzierender Mitglieder angesehen werden sollte, und ab wie vielen sich distanzierten Individuen man besser von einer so *heterogenen* Gruppe sprechen sollte, dass eine wie oben dargelegte Gruppenverantwortung nicht mehr haltbar ist. In der Realität trifft auf die meisten, wie auch immer gearteten, Gemeinschaften vermutlich eher letzteres zu. Darum sind Argumente der Gruppenverantwortung kritisch zu prüfen, auch wenn der dahintersteckende Gedanke, dass sich nicht nur aus Taten, sondern auch aus Gedanken und Einstellungen Verpflichtungen ergeben, sinnvoll und wichtig scheint.

3.2.9 Konkrete Beispielfälle

Um deutlich zu machen, wie sie sich die Implikationen ihres relationalen Ansatzes vorstellt, führt Palmer konkrete Beispielfälle auf. Diese werden im Folgenden kurz umrissen.

Leiden in der freien Wildbahn

Elch-Krankheit

In einer Population wilder Elche hat sich eine, nicht vom Menschen verschuldete, Krankheit ausgebreitet. Es existiert keine Impfung dagegen, es wäre jedoch möglich, das Ausbreiten der Krankheit zu verhindern, indem man einige Elche tötet, um eine Pufferzone zu erschaffen. Hier zeigt sich eine bisher noch nicht beleuchtete Schwierigkeit: Was tun in Fällen, in denen die Hilfe für manche die Schädigung anderer bedeutet? (Ausführlicher s. Kap. 4.) Da die Elche vollständig wild sind und keine menschliche Verursachung vorliegt, besteht keine Hilfspflicht den Elchen gegenüber. Die Frage ist hier, ob Hilfe erlaubt ist, da es gleichzeitig eine Schadenszufügung bedeuten würde. Nach Palmer ist sie es nicht. Eine Pflicht zur Hilfe ist nicht gegeben, dagegen aber ein Verbot der Schädigung. Dieses gilt zwar nicht absolut, eine supererogatorische Handlung allerdings ist nicht ausreichend, um es zu ‚trumpfen'.

Hätten Menschen die Krankheit verschuldet, wäre die Situation eine andere. Die Krankheit sollte dann als eine Art ‚ausgedehnte' menschliche Handlung angesehen werden. In jedem Fall würden dann Elche durch Menschen geschädigt, entweder durch eine direkte Tötung oder durch die menschverschuldete Krankheit, was die Anwendung eines Prinzips wie Regans *miniride principle* (s.o. Kap. 2.3.1) rechtfertigen kann. Alle individuellen Elche sollen in gleichem Maße vor menschlicher Schadenszufügung verschont bleiben, jedoch können, auf Grund von Ereignissen, die sich nicht mehr verhindern lassen, nicht mehr alle verschont bleiben. Daher gilt es nun, so viele Elche wie möglich zu schützen. Wenige Elche sollten getötet werden, um eine Pufferzone zu erzeugen und damit viele Elche zu schützen (ebd., 147-148) Akzeptiert man Regans *miniride principle*, lässt es sich in diesem Fall anwenden, es bleibt jedoch fraglich, ob man sich auf eine wie hier dargestellte Weise zwischen den Opfern entscheiden sollte oder nicht.

Eichhörnchen

Ein_e SpaziergängerIn trifft auf ein schwer verletztes, offensichtlich leidendes Eichhörnchen, das aussieht, als wäre es von einem anderen nichtmenschlichen Tier angegriffen worden. Ist es moralisch gerechtfertigt, einfach weiterzugehen und nichts zu tun? Der Fall unterscheidet sich von dem der Elch-Krankheit insofern, als es sich um eine unmittelbare Begegnung handelt, die ein Individuum mit dem Leiden eines anderen konfrontiert, ohne dass Management-Politik betrieben werden müsste oder die Hilfeleistung mit der Schädigung anderer verbunden wäre wie im obigen Beispiel. Da das Eichhörnchen vollständig wild ist und das Leiden nicht auf Menschen zurückzuführen, entspricht dies einem Fall, in dem laut Palmers Kein-Kontakt LFI keine Hilfspflicht besteht. Es stellt sich hier die Frage, ob die Direktheit der Situation einen Unterschied machen sollte. Das führt zur ethischen Relevanz von Distanz.

Wenn Distanz keine moralische Rolle spielen soll, sollte eine sich aus der Begegnung ergebende Hilfspflicht verallgemeinerbar sein und die direkte Begegnung also nicht moralisch bedeutsam sein. Es sollten dann die Hilfspflichten, die gegenüber dem nichtmenschlichen Tier, mit dessen Leiden man direkt konfrontiert wird, bestehen, gegenüber *allen* leidenden nichtmenschlichen Tieren bestehen.

Palmer vertritt dagegen die Auffassung, dass die Begegnung durchaus von moralischer Bedeutung ist. Mit tugendethischen Argumenten begründet sie, dass eine Hilfeleistung im hier debattierten Beispiel in schwacher Weise verpflichtend sein kann, zumindest aber erwünscht ist. Sie baut ihre Begründung hierfür auf dem moralischen Charakter eines Menschen auf. Das Empfinden von Mitgefühl und Sympathie gegenüber den Leiden eines anderen Individuums stellt einen guten Charakterzug dar, auch wenn das Leiden die Folge eines Unglücks ist. Da der Beistand in Palmers relationalen Ansatz nicht verboten ist, würde ihres Erachtens eine tugendhafte Person dem Eichhörnchen beistehen, auch wenn sie nicht dazu verpflichtet ist, solange keine anderen moralisch relevanten Gründe dagegen sprechen:

> So, even though no wrong would be done by walking on by, nonetheless we could, without contradiction, think that assisting an encountered suffering wild animal, if the assistance is flowed from compassion or sympathy, was a sign of morally admirable character. This could provide, at least, a weak reason for approving of assistance in such a case. (ebd., 150)

Einen Einwand darauf, dass, wenn das Empfinden von Mitgefühl und Sympathie eine gute Charaktereigenschaft sei, dies auch auf Situationen *ohne direkte Begegnung* zutreffen sollte, findet Palmer nicht überzeugend:

> Slote (2007) seems right to maintain that the vivid immediacy of confrontation with suffering does *and should* pull on our emotional responses more powerfully than just hearing about similar situations from a distance. There is no reason why we should not say that a different disposition *is* involved in responding to encountered suffering." (Palmer 2010, 150, kursiv im Original)

Dem Eichhörnchen zur Hilfe zu kommen ist als moralisch gut anzusehen, auch wenn es nach dem vorliegenden relationalen Ansatz nicht verpflichtend ist. Das geht allerdings bereits aus der Ablehnung der Starken LFI hervor, da in der Schwachen LFI und der Kein-Kontakt LFI Hilfspflichten gegenüber wildlebenden Tieren erlaubt sind und sie das nicht wären, wären sie als moralisch verwerflich anzusehen. Das von Palmer hier aufgeführte tugendethische Argument sollte noch stärker von supererogatorischen Handlungen differenziert werden, die diejenigen Handlungen darstellen, mit denen eine Person mehr tut, als es ihre Pflicht verlangt. Palmer kann so interpretiert werden, dass ein zu Hilfe-Kommen in diesem Fall nicht nur ein supererogatorischer Akt ist. Aus ihrer Argumentation geht das jedoch nicht ausreichend hervor.

Eine weitere Problematik, die in diesem Beispiel eine Rolle spielt, ist die des Umfangs der Kontaktzone. Man könnte Kontaktzone durchaus so verstehen, dass ein nichtmenschliches Tier sich schon dann, wenn ein Mensch die reale Möglichkeit hat, ihm zu helfen, in der Kontaktzone befindet. Dann wäre das Eichhörnchen nicht mehr als vollständig wild anzusehen. Aus solch einer Auffassung würden sich weiter reichende Verpflichtungen ergeben als aus Palmers Ansatz. Hierzu s. Kapitel 3.2.11.

Eichhörnchen 2

Anders als im gerade besprochenen Beispiel stellt es sich dar, wenn man ein stark verletztes und leidendes Eichhörnchen am Straßenrand einer befahrenen Straße findet und davon ausgehen kann, dass dieses von einem Auto angefahren wurde. Das nichtmenschliche Tier befindet sich auch nach Palmers Verständnis in der Kontaktzone, da Straßen ein Indiz für menschliche Besiedelungen sind, und der Schaden durch einen Menschen verursacht wurde. Auch wenn man bei Zusammenstößen von Autos typischerweise von Unfällen spricht, sollte das nicht als ‚klassischer' Unfall angesehen werden, wie wenn beispielsweise ein erwachsener Mensch ohne das Zutun eines anderen von einer (stabilen, funktionstüchtigen) Leiter fällt und sich das Genick bricht. Selbst wenn die_der FahrerIn des Autos nicht zu schnell und unvorsichtig gefahren ist, so stellt Autofahren eine in sich risikoreiche Aktivität dar. Sich auf Blustein beziehend formuliert Palmer, dass das, was man im Fall von Autofahren Unfall nennt, besser als vorhersehbares Risiko bezeichnet werden sollte (ebd., 151). Es liegt also eine Schädigung vor. Wie im Fall der Katzenbabys (s.o. Kap. 3.2.8) ist jedoch auch hier die findende Person nicht der_die VerursacherIn. Doch ebenfalls wie im Beispiel der Kätzchen lässt sich hier für eine (schwache) Verpflichtung gegenüber dem Eichhörnchen auf Grund von Nutznießen des Systems argumentieren. Selbst wenn die_der FinderIn selbst kein Auto besitzt, so wird sie_er in vielfältiger Art und Weise vom Transportmittel Auto profitieren, welches eine wichtige Institution etlicher menschlicher Gesellschaften darstellt. Die Argumentation verläuft hier gleich wie in Kapitel 3.2.8. Solange man nicht aktiv gegen das Transportmittel Auto angeht, besteht eine Verpflichtung, angefahrenen nichtmenschlichen Tieren beizustehen, sowohl wildlebenden als auch domestizierten.

In der Kontaktzone: Blaumeisen, Elstern und Nachbars Katze

Im letzten Fallbeispiel werden verschiedene Mensch-nichtmenschliches Tier-Beziehungsgefüge behandelt. Zu Beginn sei auf eine kleine Unstimmigkeit hingewiesen. Diese beeinträchtigt die Folgerungen des Beispiels nicht, stellt aber einen Punkt dar, in dem Palmer nicht ausreichend definiert. Die nun aufgeführten nichtmenschlichen Tiere befinden sich laut Palmer alle in unterschiedlicher Weise in der Kontaktzone. Beim in Kapitel 3.2.8 dargestellten Beispiel argumentiert Palmer dagegen, urbane konstitutiv wilde Tiere seien zu behandeln wie vollständig wilde Tiere. Dass sie im Fall von Ratten diese also erst einmal – entsprechende Hintergründe und Beziehungen können das ändern – aus der Kontaktzone herausargumentiert, Blaumeisen und Elstern sich dagegen in derselben befinden sollen, obwohl sie ebenfalls urban konstitutiv wilde Tiere sind, ist nicht stringent. Wie oben schon unter „Eichhörnchen“ angesprochen, fehlt eine Definition von Kontaktzone bzw. eine Erläuterung dazu, ab wann ein nichtmenschliches Tier sich in derselben befindet, und wann nicht. Die einzige ‚Definition‘ die Palmer neben einer möglichen Interpretation ihrer Beispielfälle gibt, ist die, dass es sich dabei um die nichtmenschlichen Tiere handelt, die weder vollständig wild, noch domestiziert sind (ebd., 66). Sie verweist zudem auf die Überlappungen mit Haraways Begriff *naturecultures*, die sie aber nicht weiter ausführt (ebd., 174). Eine genaue Bestimmung des Begriffs Kontaktzone ist wünschenswert und würde noch bestehende Missverständnisse ausräumen. Im Folgenden wird nun das letzte von Palmers Beispielen aufgezeigt.

Das Nest eines Blaumeisenpaares befindet sich unter der Traufe des Dachs eines suburbanen Hauses. Es wird von einer Elster attackiert, die alle Nestlinge, bis auf einen, tötet und frisst. Der letzte fällt auf den Boden und hüpft dort verloren herum, die Eltern flattern aufgeregt über ihm. Das erregt die Aufmerksamkeit der Nachbarskatze, die sich sofort für das Kücken interessiert. Die Nachbarin ist zuhause und hätte die Möglichkeit, ‚ihre' Katze von dem Kücken fernzuhalten. Ist sie verpflichtet das zu tun? Und unterscheidet sich der Prädationsfall Blaumeisenkücken und Elster von Blaumeisenkücken und Katze? Es gibt Hintergründe, die in allen drei Fällen Beziehungen zum Menschen hervorrufen und wichtig dafür sind, ob Hilfspflichten bestehen oder nicht. Sowohl die Blaumeisen als auch die Elster in diesem Fall sind Opportunisten, unabhängig davon, dass es auch vollständig wilde Individuen der beiden Arten gibt.

Die Blaumeisen stellen laut Palmer sogenannte Kommensalen oder Mutualisten dar, das heißt, bei der Interspeziesinteraktion profitieren entweder beide Arten (*Homo sapiens* und *Cyanistes caeruleus*), oder nur eine. Beide profitieren dann, wenn die Blaumeisen beispielsweise von Menschen gefüttert werden, die Menschen sich wiederum an dem Gesang der Vögel und dem Beobachten heranwachsender Kücken erfreuen. Oder es profitiert nur eine Art, wenn z.B. die Blaumeisen den Schutz des Hauses genießen, die Menschen dagegen gar nicht wissen, dass sie da sind. Die Beziehung zwischen Menschen und Elstern dagegen stellt nach Palmer eine Antibiose dar, also eine Interspeziesbeziehung, bei der eine Art profitiert, die andere geschädigt wird. Die Elstern profitieren vom Leben in menschlichen Siedlungen durch die Möglichkeit, Futter und Nistmaterial zu finden, sind für die Menschen jedoch eher lästig, da sie angeblich laut und aggressiv sind. Diese Differenzierung, die Palmer vornimmt, ist problematisch. Es ist fraglich, ob nicht Elstern einen größeren Schaden vom Zusammenleben mit Menschen tragen als Menschen einen Schaden von Elstern, da sie, wie alle Rabenvögel, bejagt und als ‚Schädlinge' betrachtet werden. Da diese Unterscheidung in Palmers Ansatz keine moralische Rolle spielt, sei das dahingestellt. Sie begründet abweichende Pflichten gegenüber den Blaumeisen verglichen mit der Elster mit anderen Argumenten.

Die Katze steht zum Menschen in einer anderen Beziehung als Blaumeisen oder die Elster. Die Vögel gelten, trotz ihrer Anpassungen an ein Leben in menschlichen Siedlungen, nicht als domestiziert. Die Katze dagegen ist ein domestiziertes Tier und somit treffen die Faktoren (erhöhter) Dependenz und Vulnerabilität auf sie zu. Bezüglich der Blaumeisen könnte erzeugte Dependenz ebenfalls Hilfspflichten generieren, wenn diese z.B. durch die ständige Bereitstellung von Futter in gewisser Weise abhängig gemacht werden.[79] Diese Hilfspflicht beschränkt sich jedoch auf eine Fortführung der Futterbereitstellung, sie erfordert nicht, die Blaumeisen im Fall einer Krankheit zur Tierärztin zu bringen. Die Begründung für bestehende Hilfspflichten gegenüber der Katze sollte aus dem bisher dargestellten Ansatz ausreichend hervorgehen. Mit der Entscheidung, die Katze bei sich aufzunehmen, hat die Nachbarin volle Verantwortung für die Katze übernommen. Und auf Grund von geteilten Standpunkten und dem Nutzen der Vorteile des Systems Haustierhaltung haben auch andere Menschen schwache positive Pflichten dem nichtmenschlichen Tier gegenüber.

Betrachtet man die konkreten Fälle von Prädation, dann folgt aus dem relationalen Ansatz, dass den Blaumeisen nicht beigestanden werden sollte, um sie vor der Prädation durch die Elster zu bewahren. Es besteht keine Verpflichtung, den Blaumeisen Hilfe zu leisten, außer möglicherweise der Pflicht, sie weiter zu füttern, wenn sie durch Fütterung abhängig gemacht wurden. Eine Hilfeleistung würde dagegen in diesem Fall gleichzeitig eine Schädigung eines anderen Individuums darstellen, da die Elster sich (und eventuell auch ihre Kücken) ernähren muss. Da keine Hilfspflicht besteht, dagegen aber die generelle Pflicht, keine empfindungsfähigen Individuen

79 Palmer schreibt zwar, dass im Fall von Elstern Hintergründe, die spezielle Verpflichtungen erzeugen, auch denkbar sind, formuliert es aber, wie bei den Ratten (vgl. Kap. 3.3.6) so, als sei dies die Ausnahme. Dass das bei Rabenvögeln, die in urbanen Gebieten leben, eine Ausnahme darstellt, ist unrealistisch. Die Lebensumstände dieser Vögel sind, wenn sie in Städten leben, von menschlichen Handlungen beeinflusst. Es ist nicht weniger wahrscheinlich, dass sie genauso wie andere Singvögel in eine Form der Abhängigkeit vom Menschen geraten, wie Palmer sie bei den Blaumeisen vermutet.

zu schädigen, sollte auch eine tugendhafte Person, die Mitgefühl mit den Blaumeisen verspürt, nicht eingreifen.[80]

Anders verhält es sich bei der Katze und dem umherhüpfenden Kücken. Es könnte die Feststellung nahe liegen, es handle sich in dem Fall nicht um eine Hilfspflicht, sondern darum, eine Schädigung zu verhindern oder zu beenden. Im Fall eines trainierten Hundes, der auf Kommando andere Individuen attackiert, würde man von einer Schädigung sprechen, da der Hund gewissermaßen als eine Art ‚Waffe' betrachtet werden kann, mit der ein Mensch seinen Willen ausführen lässt. Da Katzen jedoch unabhängig von der Art und Weise, wie sie erzogen werden, und ob sie ausreichend gefüttert werden, Vogelkücken jagen, lässt sich das auf diesen Fall nicht so einfach übertragen. Auch wenn Palmer zugesteht, dass hier Raum für Debatten besteht, sieht sie die Prädation durch die Katze nicht als Schadenzufügung an. Es stellt einen Fall von Hilfeleistung dar, und dieser Beistand sollte dem Kücken auch zukommen. Dies begründet Palmer damit, dass zum einen die Katze, anders als die Elster, dadurch nicht geschädigt wird. Der Verlust stellt für sie einen sehr momentanen dar, ihr Jagdtrieb könnte ebenso gut durch Spielzeug befriedigt werden, und (dies sei vorausgesetzt) sie bekommt ausreichend Futter. Zum anderen hängt die Möglichkeit, dass die Katze ein solches Verhalten an gegebener Stelle ausführen kann, von menschlichen Entscheidungen ab. Ohne die Entscheidung der Nachbarin, eine Katze zu halten, wäre die Katze nicht dort, wo sie ist. In einem losen Verständnis ist die Nachbarin kausal dafür verantwortlich, dass ‚ihr' als ‚Haustier' gehaltenes nichtmenschliches Tier an diesem Ort jagt. Zudem profitiert sie vom Halten der Katze, ihr Nutzen führt, wenn auch in indirekter Weise, zum Leid des Vogelkückens. Diese relationalen Gründe sind für Palmer ausreichend, um Hilfspflichten gegenüber dem Kücken anzunehmen und die Katze am Fressen desselben zu hindern.

All diesen Beispielfällen ist zu entnehmen, dass die Frage nach bestehenden Hilfspflichten gegenüber wildlebenden Tieren und nichtmenschli-

80 Wie Palmer darlegt, könnte es aber möglich sein, die Blaumeisenkücken vor dem Gefressen-Werden zu retten und die Elster gleichzeitig zu füttern. Da Elstern auch Insekten, Würmer, Spinnen und Schnecken fressen, könnte das im Gegenteil zum unter Kapitel 3.1.5 genannten Tigerbeispiel sogar möglich sein, ohne aus sentientistischer Perspektive Leid zu verursachen bzw. aus einer graduell zoozentrischen Perspektive geringeres Leid zu verursachen. Wenn das getan wird, kann eine Verhinderung der Prädation erlaubt sein. Eine Verpflichtung, die Blaumeisen vor Prädatoren zu retten, besteht trotzdem nicht.

chen Tieren in irgendeiner Form von Kontaktzone extrem komplex sind. Es muss beleuchtet werden, wie nichtmenschliche Tiere in die Situationen gekommen sind, in denen sie sich befinden, ob Beziehungen irgendeiner Art zum Menschen bestehen oder nicht sowie wie die Hintergründe aussehen und ob vergangene Schädigungen bestehen, aus denen sich Wiedergutmachungspflichten ergeben könnten.

Das führt zu der Frage, ob ein solcher Ansatz nicht zuviel Hintergrundwissen und Informationen voraussetzt, und ob ihn das wenig praktikabel macht. Hierzu führt Palmer aus, dass verallgemeinerbare *one-size-fits-all*-Antworten bei derart komplexen ethischen Fragen schlicht nicht möglich sind. Da es sich in vielen Fällen um politische Maßnahmen handelt, stellt das Benötigen vieler Informationen keinen Nachteil dar. Ein solch politischer Fall ist z.B. der der Elch-Population mit menschverursachter Krankheit, der Maßnahmen von *wildlife policy* generiert.

> Many cases, […], will be ones where some kind of policy has to be made about how to treat the animals in question, investigation into the relevant context does not seem to be overdemanding in such cases. (ebd., 139)

Für Fälle der direkten Begegnung, in denen schnell eine Entscheidung getroffen werden muss und kein Zugang zu den benötigten Hintergrundsinformationen möglich ist, verweist Palmer auf Hare's Ansatz zwei verschiedener Level. Die Prinzipien des ersten Levels sind die, die alltägliche Handlungen leiten sollten, vor allem in Stresssituationen. Prinzipien des zweiten Levels dagegen sind die, die in einer ruhigen Stunde gewonnen werden unter adäquater Einbeziehung aller moralisch relevanten Faktoren (ebd.). Auch wenn Hare damit utilitaristische Positionen verteidigen wollte, trifft eine solche Position auch auf den relationalen Ansatz zu, und bilanziert Palmer:

> There will be situations where immediate decisions must be made with respect how to treat a particular sentient animal. In those situations, where information is sparse, *assistance may be the best policy.* (ebd., kursiv L.B.)

Dies trifft auch auf wildlebende Tiere zu, da Palmer die Starke LFI ablehnt, es sei denn, man ist sich relevanter Gründe bewusst, warum Hilfe besser unterbleiben sollte.

In den meisten Fällen wird ausreichend Zeit für moralische Reflektion gegeben sein, sowohl für einzelne Individuen, als auch im sozialen Kontext. Das Zusammentragen ausreichender Informationen muss dann Teil des Entscheidungsfindungsprozesses sein. Das Berücksichtigen der Komplexität ethischer Fragen sollte einen Vorteil ihres Ansatzes darstellen.

Dadurch wird nicht versucht, abstrakte Prinzipien auf komplexe Situationen anzuwenden, ohne dabei ausreichend Sensitivität für Kontexte aufzubringen, wie es Singer und Regan vorgeworfen wird.

3.2.10 Kompatibilität mit Naturschutzethik-Theorien

Ein weiterer wichtiger Punkt in Palmers Position stellt die Kompatibilität mit holistischen Naturschutzethik-Theorien dar. Dies ist insofern von Relevanz, als, wie in Kapitel 5 dargelegt werden wird, Tierethik und holistische Naturschutzethik oft als gar nicht, oder nicht ohne weiteres, kompatibel miteinander angesehen werden. Der relationale Ansatz ist mit holistischen Umweltethik-Theorien besser vereinbar als utilitaristische Positionen der Tierethik und Tierrechts-Ansätze, und Palmer legt dar, weshalb er ihrer Ansicht nach, trotz Differenzen, nicht als inkompatibel mit ihnen betrachtet werden sollte. Palmer argumentiert mit der LFI dafür, dass das, was jenseits menschlichen Einflusses in der Wildnis bzw. in natürlichen Habitaten geschieht, keine Reaktion des Menschen hervorrufen sollte, jedenfalls nicht aus Gründen des Wohls nichtmenschlicher Tiere (andere Gründe könnten bestehen). Dies ist eine Position, die den meisten holistischen UmweltethikerInnen besser zusagen sollte als Tierethikpositionen, aus deren Ansprüchen konsequenterweise Eingriffe in die Wildnis folgen. Dennoch wird es BefürworterInnen eines absoluten Wertes von Wildnis, der andere Werte, wie den eines Tierlebens, trumpft, missfallen, dass Hilfeleistungen für wildlebende Tiere in diesem Ansatz erlaubt sind. Da die Starke LFI, die diese verbietet, eine Form des relationalen Ansatzes darstellen kann, folgt daraus jedoch keine Inkompatibilität, sondern ist vielmehr das Entwerfen eines Argumentes erforderlich, welches plausibel darstellt, warum Wildnis solch ein trumpfender Wert zukommen soll.

Ein weiterer Grund für Differenzen stellt das Verbot der Schädigung empfindungsfähiger Lebewesen dar. Etliche holistische NaturschutzethikerInnen halten es für vertretbar oder sogar gefordert, nichtmenschliche Tiere zu töten, um beispielsweise Überpopulationen ‚einzudämmen', die negative Auswirkungen auf die Vegetation eines Lebensraumes haben könnten (Katz 1983). Da die Pflicht zur Nicht-Schädigung eine prima facie Pflicht darstellt, wird z.B. die Jagd nicht apriorisch abgelehnt: "A relational approach is likely to be able to accommodate some harm to animals by hunting in some contexts but to find it impermissible in others." (Palmer 2010, 163) Echte Subsistenzjagd wird in Palmers Ansatz als moralisch vertretbar angesehen. Darüber hinaus muss von Fall zu Fall geprüft werden, ob tatsächlich Gründe bestehen, die ein Verletzen des Nichtschädigungs-Gebots rechtfertigen. Da auch die meisten holistischen NaturschutzethikerInnen, wie Palmer schreibt, Schädigungen nichtmenschlicher Tiere nicht als moralisch irrelevant ansehen, sollte das prima facie Verbot der Schadenszufügung ebenfalls nicht zu einer Unvereinbarkeit der Positionen führen. Palmer hofft, mit ihrem Ansatz eine Position entworfen zu haben, die die Kluft zwischen TierethikerInnen und holistischen NaturschutzethikerInnen ein bisschen weiter schließen mag und Einwände gegen die philosophische Tierbefreiungsdebatte[81] entkräften kann.

3.2.11 Kritik und Weiterführung

Auch wenn Palmers relationaler Ansatz den bisher überzeugendsten Tierethik-Ansatz darstellt, ist auch er nicht ohne kritische Punkte. Ein starker Kritikpunkt ergibt sich aus Palmers Zuordnung von Wiedergutmachungspflichten zu den positiven Pflichten.[82] Nach dem in Kapitel 2.1.4 dargestellten Verständnis von negativen und positiven Pflichten sind Wiedergutmachungspflichten dagegen den negativen Pflichten zuzuschreiben. Einen in der Vergangenheit zugefügten Schaden wieder gut zu machen, stellt keine typische Hilfspflicht dar. Hilfspflichten sind unbestimmter Natur, im Fall einer vergangenen Schädigung ist es dagegen bestimmt, was zu tun ist, nämlich den Schaden zu kompensieren.[83] Zumal es offensichtlich nicht das ist, was klassischerweise unter Hilfe verstanden wird, wenn man erst eine Handlung begeht, die man nicht begehen soll, und diese zu einem darauffolgenden Zeitpunkt wieder zu kompensieren versucht.

---

81 Dieser Begriff wird hier verwendet, da Palmer selbst von „philosophical animal liberation“ spricht (Palmer 2010, 166). Es gilt die Begriffe Tierschutz, Tierbefreiung und Tierrechte klar zu differenzieren, da die ethischen Grundlagen dieser drei Bewegungen sich (zum Teil stark) unterscheiden und auch in der Praxis andere Forderungen bestehen (Bossert 2014; Bossert 2015b). Palmer (2010) setzt sich in Kapiteln ihres Werkes mit den schwierigen Fragen der Rechtfertigung von Domestikation und von schmerzfreiem Töten auseinander. Aus den Schlüssen, die sie zieht, lässt sich interpretieren, dass sie tatsächlich eher der Tierbefreiungsbewegung als der Tierschutzbewegung zuzuordnen ist.

82 Dieser Punkt geht auf Gespräche mit Konrad Ott zurück.

83 Dass die Art und Weise, *wie* man den Schaden kompensieren soll, Spielraum lässt, bedeutet nicht, dass die Pflicht unbestimmt ist.

Sieht man Wiedergutmachungspflichten als negative Pflichten an, ergibt sich aus Palmers Ansatz, dass sie nicht auf Relationen, sondern auf Eigenschaften basieren, im hier Vorliegenden also auf der Eigenschaft der Empfindungsfähigkeit. Daraus folgt, dass Wiedergutmachungspflichten, wie die Pflicht zur Nicht-Schädigung, *allen* (empfindungsfähigen) nichtmenschlichen Tieren gegenüber bestehen. Dies ist eine weitreichende, aber stringente Forderung. Es gilt zu definieren, ab wann vergangene Schädigungen Kompensationsansprüche gerechtfertigt machen. Dies muss im Fall von wildlebenden Tieren – denn wie in Kapitel 3.2.7 dargestellt, betrifft es vor allem wildlebende Tiere – noch ausgearbeitet werden. Eine typische Schädigung, die solche Ansprüche generiert, ist mit Sicherheit das auch von Palmer im Kojoten-Beispiel dargebrachte Exempel der Habitatdestruktion. Wurde der Lebensraum nichtmenschlicher Tiere zerstört, besteht die Verpflichtung, die Tierindividuen (nicht die Art!) dafür zu kompensieren. Da dies in etlichen Fällen Habitatrenaturierung bedeutet, stellt das einen Punkt dar, der diesen Ansatz auch für NaturschutzethikerInnen attraktiv machen kann. Wie im Kojoten-Beispiel dargestellt, heißt es jedoch nicht, das komplette Habitat wieder herstellen zu müssen, da Wiedergutmachung nicht dergestalt sein darf, dass durch sie neue Schädigungen zugefügt werden, die dann abermals Kompensationsansprüche hervorbringen. Das Renaturieren einer kompletten Siedlung würde den dort lebenden Menschen erheblichen Schaden zufügen und sie könnten Wiedergutmachung fordern, wenn sie ihren Bauplatz/Haus/Wohnung rechtmäßig erworben haben. Daraus folgt wie im Kojoten-Beispiel, dass Wiedergutmachung auch einfach ein Erleichtern der Lebensumstände der betroffenen wildlebenden Tiere bedeuten kann, ein Tolerieren statt Töten, und die Bemühung darum, Lebensgefahren für sie zu reduzieren. So betrachtet wirkt die Forderung nach Wiedergutmachungspflichten für alle nichtmenschlichen Tiere weniger ‚radikal' als sie auf den ersten Blick scheinen mag.

Es könnte der Einwand erhoben werden, dass es sich aus mitteleuropäischer Sicht leicht argumentieren lässt, man solle wildlebende Tiere in menschlichen Siedlungen tolerieren, solange man nicht selbst in Gebieten lebt, in denen diese wildlebende Tiere große Raubkatzen und Giftschlangen sind. Dieser Einwand ist ungerechtfertigt, auch wenn die Forderung in manchen Gebieten der Erde mehr von den dort lebenden BürgerInnen fordert als in anderen. Die Interessen nichtmenschlicher Tiere ernst zu nehmen bedeutet eben auch, die Interessen der nichtmenschlichen Tiere ernst zu nehmen, die Menschen gefährlich werden können. Wie das Puma-Beispiel in Gullo et al. (1998) zeigt, bestehen Möglichkeiten, auch mit solchen nichtmenschlichen Tieren ein ‚Nebeneinander leben' zu schaffen. Dies führt in den Bereich des *wildlife managements* und die Politik desselben. Das wildlebende Tier im eigenen Umfeld zu tolerieren und ihm gegenüber achtsam zu sein, ist zwar auf der einen Seite eine persönliche Angelegenheit, es stehen jedoch auch sehr stark politische Institutionen in der Verantwortung, durch verschiedene Maßnahmen ein solches Verhalten zu fördern und das gesellschaftliche Klima diesbezüglich zu prägen. Diese Forderung betrifft MitteleuropäerInnen ebenso, da sie auch für Wölfe, Luchse und Elche, die keine Prädatoren sind, dafür aber die Angst besteht, sie könnten großen forstwirtschaftlichen Schaden anrichten, gilt.[84]

Wie in Kapitel 3.2.5 bereits erwähnt, ist der Punkt überdenkenswert, warum wildlebenden Tieren gegenüber, die durch Unglück in eine missliche Lage gekommen sind, keine Hilfspflichten bestehen sollen. Wenn ein_e SpaziergängerIn auf einem eisigen Winterspaziergang ein fast erfrorenes Wildkaninchen in einem Naturgebiet entdeckt, warum sollte sie_er diesem Tier nicht ebenso zu Beistand verpflichtet sein, wie wenn es von einem_r JägerIn angeschossen und liegengelassen worden wäre? Es bestehen bei jeder Hilfspflicht gewisse Voraussetzungen dafür, dass sie besteht. So muss z.B.

a) die Möglichkeit zu helfen bestehen, was auch einschließt, dass es die helfende Person nicht überfordert,[85]
b) die Hilfe auch wirklich eine Hilfe für das Individuum darstellen,
c) die helfende Person sich damit nicht selbst in Lebensgefahr bringen, und

---

84 Anders als im Kojoten-Beispiel von Palmer, welches sie auf zwei Generationen eingeschränkt hat, stellt sich bei Wolf, Luchs und Elch in Mitteleuropa das Problem der Frage nach schwindenden Opfern. Die inzwischen wieder angesiedelten Individuen sind vermutlich keine direkten Nachkommen der nichtmenschlichen Tiere, denen durch Habitatzerstörung ihr Lebensraum genommen wurde, und im Fall des Luchses in Deutschland würden sehr viele Generationen zwischen den verdrängten und den heutigen Individuen liegen. In diesen Fällen passen gruppenbezogene Wiedergutmachungsansprüche besser als auf Individuen bezogene. Dafür zu argumentieren bringt andere Schwierigkeiten mit sich. Der Fall der Wiedergutmachungspflichten für wildlebende Tiere könnte eine eigene Arbeit umfassen, und so besteht an dieser Stelle nicht die Möglichkeit, all diese Fragen detailliert zu erörtern.

85 Vgl. Ott 2005, 56: „Das Ausmaß positiver Hilfspflichten ist zudem mit Fragen der Zumutbarkeit verschränkt.".

d) es nicht andere moralisch relevante Gründe gegen den Beistand geben, sodass damit nicht z.B. einem anderen Individuum Schaden zugefügt wird.[86]

Wenn all diese Punkte gegeben sind, gibt es nichts, das aus ethischer Sicht gegen eine Hilfspflicht gegenüber wildlebenden Tieren spricht. Besonders, weil d) unbestimmt ist, und über die moralisch relevanten Gründe debattiert werden kann. Die Intuition, dass es moralisch bedenklich wäre, das Wildkaninchen einfach liegen zu lassen, wenn a) bis d) gegeben sind, teilt Palmer offensichtlich, weshalb sie die oben dargestellten tugendethischen Argumente anführt. Es ist fraglich, ob eine Kein-Kontakt LFI plus tugendethische Begründungen im Fall verunglückter wildlebender Tiere einem Argument vorzuziehen ist, welches von vornherein und unabhängig(er) von Fragen eines wünschenswerten moralischen Charakters versucht, Beistandspflichten gegenüber verunglückten wildlebenden Tieren zu begründen. Ein solches Argument im Rahmen eines relationalen Ansatzes müsste noch entwickelt werden. Dann könnte auch von Gruppenzugehörigkeitsargumenten abgesehen werden, wie Palmer sie aufführt um darzulegen, warum allen Menschen gegenüber Hilfspflichten in Unglückssituationen bestehen, nichtmenschlichen Tieren dagegen jedoch nicht, da sich schlicht *allen* Individuen der (sentientistischen) Moralgemeinschaft gegenüber Hilfspflichten in Unglücksfällen ergeben würden. Es wäre ein Vorteil von Argumenten der Gruppenzugehörigkeit absehen zu können, da man damit das Problem der ‚Definition durch Ausgrenzung‘ umgeht.

Der relationale Ansatz wird nicht aufgegeben, wenn man Hilfspflichten gegenüber allen nichtmenschlichen Tieren annimmt, da Kontexte, und somit Beziehungen, nach wie vor eine zentrale Rolle spielen (sollten), um die erst einmal unbestimmten Hilfspflichten zu bestimmen. Um Missverständnissen vorzubeugen sei betont, dass aus einem Argument, nach welchem allen nichtmenschlichen Tieren gegenüber Hilfspflichten bestehen, nicht folgen würde, man solle in Prädation eingreifen. Ein solcher Eingriff erfüllt den oben genannten Punkt d) nicht. Mit einer Intervention würde man dem Prädator Schaden zufügen. Dies ist unumgänglich, denn auch wenn das nichtmenschliche Tier, das zum Überleben auf das ‚Erlegen‘ anderer nichtmenschlicher Tiere angewiesen ist, nicht sofort verhungern würde, wenn man es vom Töten des ersten Beutetieres abhält, so käme es

86 S. Kirkwood und Sainsbury (1996, 237) für eine geraffte Darstellung, welche Voraussetzungen für ‚Hilfe leisten‘, welche für ‚keine Hilfe leisten‘ und welche für ‚Euthanasie‘ gegeben sein sollten.

entweder bei fortdauerndem Abhalten zur starken Schwächung und dem Verhungern des Prädators, oder eben zum Töten eines nächsten Beutetieres. Es macht moralisch keinen Unterschied, welches individuelle Beutetier getötet wird – ob es Beuteindividuum X oder Beuteindividuum Z ist, wenn sowohl X als auch Z empfindungsfähig sind. Zudem sind Hilfspflichten nicht gleichzusetzen mit Pflichten zur Prävention. Aus der Pflicht, dem fast erfrorenen Wildkaninchen zu helfen, folgt nicht die Pflicht, in kalten Wintern allen wildlebenden Tieren warmen Unterschlupf gewährleisten zu müssen.[87]

Ein Argument für Hilfspflichten gegenüber allen wildlebenden Tieren ließe sich mit Palmers Ansatz aus einer entsprechend weit gefassten Definition von Kontaktzone herleiten. Man könnte postulieren, dass sich ein wildlebendes Tier dann in der Kontaktzone befindet, sobald ein Mensch in der Lage ist, ihm Beistand zu leisten. Diese Auffassung ist mit der Kein-Kontakt LFI kompatibel. Sie wirft Fragen bezüglich Interspeziesbegegnungen auf: Besteht Kontakt erst dann, wenn es zu direkten Interaktionen gekommen ist, oder besteht er schon dann, wenn Individuen einer Spezies Individuen einer anderen nur beobachten, ohne dass diese es überhaupt bemerken? Auch diesen Forschungsdesideraten gilt es weiter nachzugehen.

Zu den genannten Beispielen und generell zu den Beistandspflichten nichtmenschlichen Tieren gegenüber stellt sich die Frage, wie diese Pflichten in der Praxis aussehen sollten. Nehmen wir das Beispiel der Katzenbabys im Müllcontainer: Eine Verpflichtung, diese aufzunehmen, ginge zu weit, da sie zu stark ins Leben der Finderin oder des Finders eingreifen würde. Es wird sich also eher um die Pflicht handeln, irgendwie dafür zu sorgen, dass die Kätzchen weiterleben können, beispielsweise sie in ein Tierheim oder dergleichen zu bringen, oder zumindest einen Tiernotruf zu informieren. Tierheime sind allerdings stark auf Spendengelder angewie-

87 Dies gilt allerdings nur, sofern nicht Habitatszerstörung die Ursache dafür ist, dass die nichtmenschlichen Tiere keinen warmen Unterschlupf mehr finden, da in diesem Fall Wiedergutmachungspflichten zum Tragen kommen würden. Wie diese Wiedergutmachungspflichten auszusehen haben, müsste diskutiert werden. Sie sollten eher dergestalt sein, Habitate zu restaurieren, so dass den nichtmenschlichen Tieren ihre natürlichen Winterquartiere wieder zugänglich sind, und nicht dergestalt, beheizte Hütten für wildlebende Tiere aufzustellen. Dass es beim allgegenwärtigen menschlichen Einfluss häufig schwierig sein wird zu benennen, wann das Leid eines wildlebenden Tieres auf Habitatverlust zurückzuführen ist und wann nicht, ändert nichts an der Aussage, dass Hilfspflichten und Präventionspflichten zu unterscheiden sind.

sen. Hat man nun als NutznießerIn des Systems Haustierhaltung die Verpflichtung, Geld an Tierheime zu spenden? Da die Verpflichtung im Fall der Kätzchen nur eine schwache ist, eine solche Spendenpflicht, gar mit konkretem Empfänger, jedoch ein starker Eingriff in die Freiheit eines_r BürgerIn wäre, bleibt es wohl bei der Pflicht, für das reine Überleben der Katzenbabys zu sorgen, ohne weitere Verstrickungen beachten zu müssen. Es stellen sich hier die gleichen Probleme, wie im Fall von Hilfspflichten gegenüber Menschen.

Die Schlussfolgerungen, die Palmer (2003) aus dem Erzeugen von Abhängigkeit zieht, welche durch Hilfe generiert werden kann, führen zu Konsequenzen, die kontraintuitiv sein können und deshalb kurz geprüft werden sollen. Sie beschreibt den Fall einer Straßenkatze, die von einer bestimmten Person über einen langen Zeitraum ständig gefüttert wird, aber eine Straßenkatze bleibt.

> The cat becomes dependent for food on the human, adopting the area around its feeding place as its territory, returning to the feeding place at regular intervals. In generating this relationship, [...], other opportunities for the cat to fulfil its needs elsewhere (being adopted by another human, being picked up by an animal welfare organization, and so on) have been closed off. This closing off – of which human actors, though not dependent animals should be aware – has the consequence that if the human then abandons the animal by, say, moving away, the animal is likely to be left in a far more precarious and vulnerable position than it was prior to the inception of the relationship. (ebd., 70)

Auch wenn das nicht die Intention der fütternden Person war, so ist diese Folge absehbar. Wenn klar ist, dass die Fütterungen nicht erhalten bleiben können, sollte man nach Palmer erst gar nicht mit ihnen beginnen. Und wenn einzelne Menschen materielle Bereitstellung für einzelne nichtmenschliche Tiere starten, welche zu einer Form der Abhängigkeit des nichtmenschlichen Tiers führt, ergibt sich daraus eine ethische Verantwortung, die der Mensch akzeptieren und gemäß ihrer handeln sollte.

Auf den ersten Blick mag das vernünftig klingen, beim Bedenken, was daraus folgen müsste, scheint es jedoch weniger überzeugend. Es stellt sich die Frage, wie gehandelt werden sollte, damit man verantwortungsvoll vorgeht in dem Fall, dass man weiß, man lebt nicht für den Zeitraum eines Katzenlebens an dem Ort, möchte der Straßenkatze dennoch irgendwie beistehen. Soll die Person

1. (wie Palmer schreibt) gar nicht erst damit anfangen, die Katze zu füttern,
2. die Katze füttern und sie dann mit umziehen, oder

3. sie füttern und wenn die Person wegzieht, irgendwie dafür sorgen, dass die Katze weiter versorgt wird?

Es wäre wohl zu viel verlangt, die Katze mit umzuziehen, da eine solche Pflicht (zu) stark in das Leben der Person eingreifen würde. Dafür zu sorgen, dass sie weiter Futter bekommt, wäre eine gute Lösung, bezieht allerdings Dritte mit ein, so dass nicht von vornherein davon ausgegangen werden kann, dass dies funktioniert.[88] Und gar nicht erst anfangen zu dürfen, sie zu füttern, wirkt stark kontraintuitiv. Ist es nicht moralisch besser, jemandem *jetzt* Hilfe zukommen zu lassen, anstatt es aus Angst vor den Folgen von vornherein zu unterlassen? Die Zukunft ist unbekannt, vielleicht wird die Katze nächste Woche von einem Auto überfahren und die Person konnte ihr zumindest satte letzte Tage schenken. Vielleicht kann die Person gar nicht, wie geplant, wegziehen und bleibt doch für die Dauer des Katzenlebens vor Ort. Vielleicht ist die Person, die danach einzieht, eine große Katzenliebhaberin und füttert sie gerne weiter. Vielleicht...

Die Alternative, entweder mit dem potentiellen Erzeugen von Abhängigkeit eine lebenslange Pflicht einzugehen oder, wenn das verhindert werden soll, die Relation a priori abzulehnen, erscheint falsch. Mit dem Eingehen einer zwischenmenschlichen Beziehung werden ebenfalls emotionale, sowie zum Teil materielle, Abhängigkeiten geschaffen; das führt aber weder dazu, besser keine zwischenmenschlichen Beziehungen einzugehen, noch dazu, diese für immer aufrecht erhalten zu müssen.

Trotz dieser Kritikpunkte ist Palmers Ansatz vielversprechend und wird der Frage nach dem moralisch richtigen Umgang mit nichtmenschlichen Tieren gerechter als Ansätze, die nicht oder zu wenig kontextsensitiv sind. Daher wird in Kapitel 4 Palmers Position Anwendung finden, um einen Praxisbezug zum Problemfall der ‚invasiven Arten‘ herzustellen.

3.3 Weitere Ansätze

Die Einschätzung, Palmers Ansatz sei der bisher umfangreichste und überzeugendste zur Fragestellung des moralisch richtigen Umgangs mit wildlebenden Tieren und ob Hilfspflichten gegenüber nichtmenschlichen Tieren bestehen, sei untermauert mit einer kurzen Skizzierung von Posi-

88 Man könnte die Katze auch ins Tierheim bringen, wobei das vermutlich eine starke Reduktion ihrer bisherigen Lebensqualität bedeuten würde und somit keine befriedigende Lösung darstellt.

tionen, aus denen ersichtlich wird, dass die anderen Ansätze zu diesem Thema weniger umfassend und befriedigend sind.

3.3.1 Fixierung aufs Themenfeld Prädation

Auffallend ist, dass fast alle Veröffentlichungen dazu nur (oder überwiegend) die Problematik der Prädation behandeln. So betrachtet beispielsweise Cowen (2003) in seinem Aufsatz *Policing Nature* ausschließlich Prädation und die Interventionen, die damit einhergehen (oder unterlassen werden) sollten, wenn man diese negativ bewertet, obwohl der Titel eine ausführliche Evaluierung potentieller Eingriffe in ‚die Natur' verspricht. Er argumentiert, dass sowohl utilitaristische als auch auf Rechten aufbauende Tierethiken plausible Gründe für Eingriffe in ‚die Natur' bieten, definiert aber nicht, was er unter solchen Eingriffen versteht und was nicht. Wie sich im weiteren Text herausstellt, scheint es hierbei nur um Eingriffe zu gehen, die Prädatoren vom Beute-Machen abhalten sollen. Das ist unbefriedigend und (zu) partiell, auch wenn man diesen Vorwurf nicht nur ihm, sondern einer ganzen Reihe von AutorInnen machen kann.

Neben den Veröffentlichungen, die bereits in den Kapiteln 3.1 und 3.2 genannt wurden,[89] sind weitere Publikationen zum Thema Prädation z.B. von Sapontzis (1984 und 1987, 229-248). Er zeigt auf, dass das Argument, aus der gleichen Berücksichtigung bzw. den Rechten nichtmenschlicher Tiere würde folgen, man müsse jedes Kaninchen vor jedem Fuchs retten, nicht als reductio ad absurdum dient, um zu zeigen, nichtmenschliche Tiere seien nicht gleich zu berücksichtigen bzw. ihnen kämen keine Rechte zu. Er ist der Meinung, die Auffassung in Prädation solle eingegriffen werden, ist nicht a priori falsch oder absurd und führt Argumente auf, warum das Beutegreifen verhindert werden sollte, wo es möglich ist und kein weiteres Leid verursacht.

89 Einen guten Überblick über die bestehende Literatur zur Thematik des *policing nature* zum Wohle nichtmenschlicher Tiere bietet MacClellan 2011. Die Frage, ob NaturschützerInnen Prädation gutheißen müssen, oder ob man auch als NaturschützerIn und/oder NaturliebhaberIn das ‚Töten-Müssen um zu Überleben' bedauern kann, behandelt Raterman 2008. Nach Raterman sollten auch NaturliebhaberInnen Prädation bedauernswert finden. Eine Pflicht zur Intervention folgt aus diesem Bedauern nicht, er führt Gründe an, weshalb eine Intervention unterbleiben sollte.

Fink (2005) verteidigt ebenfalls die Sichtweise, Prädation verhindern zu wollen, sei nicht absurd und sollte vielleicht getan werden, solange keine anderen Gründe dagegen sprechen.

Hadley (2006) versucht zu begründen, dass die Verpflichtungen gegenüber freilebenden Tieren in direkter Not nicht verschieden sind zu denen, die gegenüber fremden Menschen mit geringen kognitiven Befähigungen bestehen. Die damit implizierte Unterscheidung, die a priori zwischen den Pflichten gegenüber kognitiv ‚durchschnittlichen' und ‚beeinträchtigten' Menschen bestehen soll, ist nicht haltbar. Zumal hier ein Dualismus von ‚Gesund' auf der einen Seite und ‚Krank' auf der anderen Seite angenommen wird, der in der Realität so nicht besteht. Eine utilitaristische Auseinandersetzung mit dem Thema Prädation, dessen Folgerungen sich von denen Singers unterscheiden, bietet Horta (2010a und 2010b). Er summiert jede Sekunde Leiden aller empfindungsfähigen nichtmenschlichen Tiere auf und kommt daher zu dem Schluss, dass diese Leiden so massiv sind, dass eingegriffen werden muss, um eine leidfreiere Welt zu schaffen. Abgesehen von der fragwürdigen Aufsummierung von Leiden – einige schmerzvolle Sekunden bleiben einige schmerzvolle Sekunden für das Individuum, das sie durchlebt, da dieses Individuum ‚nur' seine eigenen Schmerzen empfindet und nicht die aller anderen schmerzerfüllten Individuen ebenfalls – definiert Horta nicht, welche nichtmenschlichen Tiere er unter empfindungsfähig zusammenfasst. Er scheint auch Insekten und andere Invertebraten darunter zu fassen und sieht in dem Zugrundegehen oder Gefressenwerden jedes einzelnen Insekten-Eies einen Grund, für Leidensverringerung in ‚der Natur' einzustehen. Die fehlende Definition stellt einen Mangel seiner Argumentation dar, zumal Belege dafür aufgeführt werden sollten, werden Invertebraten als empfindungsfähig angenommen.

3.3.2 Positionen ähnlich Palmers relationalem Ansatz

Etwas ausführlicher wird an dieser Stelle auf die Positionen eingegangen, die an Palmers Sichtweise erinnern, indem sie Differenzen annehmen in der Art und Weise, wie bestimmte nichtmenschliche Tiere behandelt werden sollten. So plädieren Norton (1995) und Simmons (2009) für eine unterschiedliche Behandlung domestizierter und wildlebender Tiere, ignorieren dabei aber die Tiere in der Kontaktzone. Das (stärker auf politische Maßnahmen ausgerichtete) Werk von Donaldson und Kymlicka (2011) dagegen fordert eine differente Behandlung wildlebender und domestizierter Tiere und entwickelt eine eigene Strategie für die Tiere in der Kontaktzone.

Auch Cowen (2003) spricht sich für eine Differenzierung aus, allerdings für die zwischen karnivoren und nicht-karnivoren Individuen. "Most generally, [...] we should weight carnivores and non-carnivores differently." (Cowen 2003, 182) Da solch eine Auffassung schwer zu verteidigen sein dürfte, er keine adäquate Begründung für diese Aussage liefert und seine Schlussfolgerungen vollkommen verfehlt scheinen,[90] wird hierauf nicht weiter eingegangen.[91]

Laut Norton ist ein Grund für die Ungleichbehandlung wildlebender und domestizierter Tiere, dass wildlebende Tiere zwar Wert besitzen, sich jedoch außerhalb der moralischen Sphäre befinden. Nichtmenschliche Tiere treten seines Erachtens erst dann in die moralische Sphäre, wenn sie in menschlichen Gemeinschaften oder Zoos leben. Dies rühre aus dem Respekt, den Menschen der ‚wildness' wildlebender Tiere entgegenbringen sollten, und ‚wildness' zu respektieren bedeute zwangsläufig Nichtintervention. Er begründet das u.a. mit der Autonomie der wildlebenden Tiere und vergleicht es mit dem Verhalten weiser Eltern, die ihre erwachsenen Kinder ihre eigenen Leben führen lassen. Wie Palmer anmerkt, ist dieser Vergleich unangebracht, wenn es um potentielle Hilfeleistungen bei Krankheit oder Lebensgefahr geht, da man von Eltern erwarten kann, dass sie auch ihren erwachsenen Kindern in solchen Fällen beistehen (Palmer 2010, 83). Es scheint Norton jedoch ohnehin mehr darum zu gehen, dass Nichteingreifen im Fall von wildlebenden Tieren geboten ist, um ‚wildness' zu bewahren, unabhängig davon, ob es den einzelnen Individuen da-

---

90 So sollten Tierrechts-VertreterInnen das Abschießen eines Tigers nicht zwangsläufig als schlecht bewerten, rettet es doch seinen potentiellen zukünftigen Beutetieren das Leben. Zudem sollten für karnivore Arten weniger strikte Abschuss-Begrenzungen gelten als für nicht-karnivore, vielleicht sollten die einschränkenden Quoten für Karnivore ganz aufgehoben werden. Zudem solle man weniger Ressourcen in den Erhalt gefährdeter karnivorer Arten investieren als es zur Zeit getan wird (Cowen 2003, 182).

91 Pearce (2009) geht sogar so weit, allen Prädatoren einen inhärenten Wert abzusprechen, der allen nichtmenschlichen Tieren, die keine Prädatoren sind, zukommt. Dies ist nur eins von unzähligen Beispielen, weshalb seine Position unüberlegt erscheint, da eine solche Differenzierung nicht begründbar ist und auch in der Praxis wenig Sinn ergibt, wenn man vom Dualismus ‚Beute – Räuber' absieht, der einem schwarz-weißen Dualismus von ‚gut – böse' zu entsprechen scheint und folglich extrem unterkomplex und undifferenziert ist.

durch besser geht oder nicht. Allerdings kann Norton ‚wildness' nicht als trumpfenden Wert, dessen Schutz das Wohlergehen einzelner Individuen überbietet, ansehen, da er in etlichen Fällen für ein Eingreifen in die ‚wildness' plädiert. So z.B. wenn es die Artendiversität erhöht, Neozoen eliminiert oder Ökosysteme schützt. Stattdessen verficht er die Ansicht, es sei der Kontext, in dem wildlebende Tiere stehen, aus dem sich ergebe, dass ihnen gegenüber keine Hilfspflichten generiert werden, da Menschen mit ihnen in keiner Beziehung stünden.

An dieser Stelle scheint sein Ansatz dem Palmers sehr ähnlich zu sein, jedoch trennen sie zwei zentrale Punkte. Zum einen erwähnt Norton in seinem Text an keiner Stelle, dass gegenüber wildlebenden Tieren negative Pflichten bestehen könnten, unabhängig von den Hilfspflichten, und zum anderen existieren bei ihm keine Kontexte und Beziehungsgefüge, aus denen sich Hilfspflichten gegenüber wildlebenden Tieren ergeben würden. Dennoch entspricht seine Position nicht, wie es auf den ersten Blick scheinen mag, der Starken LFI (s. Kap. 3.2.4), sondern eher der Schwachen, da er Beistand für wildlebende Tiere nicht kategorisch als unerlaubt betrachtet. So im Falle eines in Eis eingebrochenen Bisons:

> I would reason that while I have no moral obligation to save the bison, a general preference for saving things of ontological value might in this case override the minor cost to the authenticity of the struggle of existence. (Norton 1995, 120)[92]

Abgesehen davon, dass Nortons Position etliche fragliche Annahmen enthält, sind diese beiden Punkte so zentral, dass ihre Nichtberücksichtigung ein großes Manko darstellt. Zudem werden die Tiere in der Kontaktzone nicht ausreichend in die Theorie einbezogen. Da menschliche Gemeinschaft allerdings ein weit dehnbarer Begriff ist, kann man diese, je nach Definition der Kontaktzone, in Nortons Ansatz einbauen.

Ähnlich verhält es sich bei Simmons (2009), der ebenfalls zwischen wildlebenden Tieren und Tieren in menschlichen Gesellschaften unterscheidet. Je nach Definition von Kontaktzone könnten in der menschlichen Gesellschaft konstitutiv wilde Tiere, die aber nicht standortgemäß

---

92 Norton unterscheidet zwischen ontologischem und moralischem Wert. Ontologischer Wert kommt allen Tieren zu, moralischer dagegen nur denen, die auch Teil der moralischen Sphäre sind, wildlebenden Tieren also meist nicht. Dieser ontologische Wert scheint darin zu gründen, dass alle nichtmenschlichen Tiere nach Weiterleben und dem Weitergeben ihrer Gene streben, woraus sich etwas Gutes ergibt, das beim Tod des Organismus verloren geht (Norton 1995, 105).

wild sind, eingeschlossen sein. Er spricht allerdings nur von Hilfspflichten, die gegenüber domestizierten Tieren bestehen, und dass sie gegenüber wildlebenden Tieren nicht bestehen. Wie es um nichtdomestizierte Tiere, die in menschlichen Siedlungen leben, bestellt ist, wird nicht behandelt, dabei sind es diese, denen sehr häufig begegnet wird. Zudem lassen Simmons' Aussagen, Menschen existierten in einer Welt abseits der Wildnis und seien nicht Teil der Welt, in der wilde Tiere leben und ums Überleben kämpfen (ebd., 23; 24), auf einen so nicht existenten ‚Natur – Kultur'-Dualismus schließen, der Bestand seiner Argumentation ist. Diese Argumentation geht von einem Rechte-Ansatz aus und behandelt zu einem großen Teil die Prädations-Problematik. Trotz des Rechts auf Leben, das wildlebenden Tieren seiner Ansicht nach zukommt, müssen Menschen wildlebende Beutetiere nicht vor ihren Räubern retten, da dies vermutlich verheerende ökologische Konsequenzen nach sich ziehen würde.

Das sagt jedoch nichts darüber aus, wie zu handeln wäre, wenn die ökologischen Konsequenzen vorhersehbar und nicht desaströs wären. Katastrophale Konsequenzen für das Ökosystem scheinen beim Simmons der einzige Grund für ein Nichteingreifen zu sein, da er durchaus Hilfspflichten gegenüber wildlebenden Tieren annimmt, wenn keine solchen Folgen vorauszusehen sind. Beispielsweise sollte ein ertrinkendes wildlebendes Tier gerettet werden, wenn man sich selbst dadurch nicht in Gefahr bringt. Dies scheint nicht konsistent zu sein, denn so wie das Retten eines ertrinkenden Siebenschläfers keine verheerenden Folgen für das Ökosystem haben wird, so wird auch nicht jeder Eingriff in Räuber-Beute-Beziehungen schlechte ökologische Folgen nach sich ziehen. Man könnte auf solch einer Grundlage argumentieren, dass Rehe so lange vor der Prädation durch Wölfe gerettet werden sollten, bis ihre Population droht, zu groß für die Tragekapazität des Ökosystems zu werden. Es wird schwer sein, einen solchen Schwellenwert genau zu bestimmen. Mit Sicherheit lässt sich jedoch sagen, dass das Retten einzelner Individuen vor einem Prädator nicht zu ökologischen Krisen führen wird. Darum ist diese Herangehensweise nicht geeignet, um gegen Eingriffe in Prädation zu argumentieren.

Ein etwa zeitgleich mit Palmers *Animal Ethics in Context* (2010) erschienenes tierethisches Werk, welches auf Beziehungen aufbaut und eine ungleiche Behandlung von wildlebenden Tieren und nichtmenschlichen Tieren in menschlichen Gesellschaften fordert, ist Sue Donaldsons und Will Kymlickas *Zoopolis* (2011). Beide plädieren für eine vollständige Integration der nichtmenschlichen Tiere in das politische System. Sie gehen von drei Grundkategorien von Mensch-nichtmenschliches Tier-Beziehungen aus, die auf unterschiedlicher Abhängigkeit der nichtmenschlichen Tiere basieren. Die domestizierten Tiere, die der ersten Grundkategorie zugerechnet werden, sollen als *co-citizens*, als MitbürgerInnen verstanden werden. Dies bedeutet auch, dass ihnen die Rechte einer Staatsbürgerin oder eines Staatsbürgers zukommen sollten. Dass ‚unsere' Beziehung zu diesen Tieren überdacht werden und sich von Dominanz hin zu ‚auf Augenhöhe' wandeln müsste, bedeutet nicht, diese nichtmenschlichen Tiere in Zukunft sich selbst zu überlassen, sie auszusetzen oder zu eliminieren. Wie auch Palmer und Michelfelder (2003, 83), betonen Donaldson und Kymlicka, dass domestizierte Tiere eine Gesellschaft mit uns teilen, dass ‚unser' Zuhause – nicht nur auf das Eigenheim beschränkt, sondern auf die Umwelten, die einen umgeben bezogen –, auch ihr Zuhause geworden ist, und dass man sich folglich arrangieren muss. Ihnen gegenüber bestehen die gleichen Pflichten wie menschlichen MitbürgerInnen gegenüber.

Die zweite Grundkategorie betrifft die wildlebenden Tiere. Das AutorInnen-Duo schlägt vor, die Habitate der wildlebenden Tiere als vom Menschen unabhängige Hoheitsgebiete anzusehen, was für Menschen die Folge haben soll, dass sie in diese nicht mehr negativ eingreifen dürfen, dass den wildlebenden Tieren aber gegebenenfalls Schutz vor ‚Kolonisation', Hilfe bei Naturkatastrophen und Hilfe zur Errichtung des Hoheitsgebietes zukommen sollte. Es bestehen den wildlebenden Tieren gegenüber also negative Pflichten sowie in etlichen Fällen Hilfspflichten. Den anderen Umgang mit wildlebenden Tieren begründen Donaldson und Kymlicka ähnlich wie Everett (s. Kap. 3.2.4) mit dem Wesen der wildlebenden Tiere. Gemeinschaften wildlebender Tiere gedeihen dann, wenn sie sich selbst regulieren können. Daher sind Eingriffe in Prädation nicht zulässig.

Diese Begründung ist, wie schon bei der Kritik zu Everett aufgeführt, mangelhaft. Es lassen sich keine verallgemeinerbaren Gesetze aufstellen, die die Aussage, wildlebende Tier-Gemeinschaften gedeihen nur dann, wenn sie sich selbst überlassen werden, untermauern, und in etlichen Fällen wird das nicht der Fall sein. Eine an einer ohne Impfung tödlich verlaufenden Krankheit leidende Population wildlebender Tiere kann durchaus durch einen menschlichen Eingriff (Impfungen) besser gedeihen als ohne solch einen Eingriff. Hier ist Palmers Kritik angebracht, dass die Aussage ausschließlich auf Spezies zutrifft, nicht auf die einzelnen Individuen, wenn man die Fitness der Arten als schützenswertes Gut annimmt.[93] Mit der Annahme, man könne vom Menschen unabhängige Hoheitsgebiete für wildlebende Tiere schaffen, werden zudem die indigenen Völker ignoriert, die häufig in eben jenen Gebieten leben, die vermutlich als solche Hoheitsgebiete in Frage kämen.

Die dritte Grundkategorie betrifft die Tiere in der Kontaktzone. Donaldson und Kymlicka bezeichnen diese als *liminal animals*, sogenannte Grenzgänger. Gemeint sind damit Ratten, Mäuse, Tauben, Krähenvögel, urbane Füchse und Waschbären usw., die *liminal animals* entsprechen also Palmers Tieren in der Kontaktzone. Diese sollen in der hier besprochenen Position als *denizens* angesehen werden, also entsprechend den MigrantInnen mit unbegrenzter Aufenthaltsgenehmigung. Ihnen gegenüber gibt es, neben den allen nichtmenschlichen Tieren gegenüber bestehenden negativen Pflichten, im Prinzip die gleichen Hilfspflichten wie gegenüber menschlichen MitbürgerInnen und domestizierten Tieren, außer es bestehen in einem Staat positive Pflichten, die nur den BürgerInnen mit Staatsbürgerschaft gegenüber gelten.

Donaldson und Kymlicka gehen davon aus, dass Kommunikation mit nichtmenschlichen Tieren möglich ist, wenn man sich auf dieselben einlässt. Darauf, dass für das Besitzen von BürgerInnen-Rechte kein bestimmtes kognitives Vermögen vorhanden sein muss, verweisen der Autor und die Autorin mit Bezugnahme auf die Menschen mit geringerem solchen.

Zoopolis enthält etliche strittige Fragen. Ergibt es überhaupt Sinn, BürgerInnen-Rechte für nichtmenschliche Tiere zu fordern? Wenn ja, will man, indem man auf diese fokussiert, an Nationalstaatlichkeit festhalten, indem man diese auch für nichtmenschliche Tiere fordert? Wie soll mit nichtmenschlichen Tieren umgegangen werden, die in autoritären Staaten

---

93 Vgl. Aitken (1997, 441-444) dazu, dass die Individuen, die Hilfe benötigen, nicht – wie meist angenommen – die mit der geringeren Fitness sind. Es muss also bei Weitem nicht der Fall sein, dass mit Hilfeleistungen die Gesamtfitness einer Art reduziert wird, weil man damit die Schwachen am Leben halte, statt dass sie durch den Tod an der Fortpflanzung gehindert würden. Aitken führt überzeugend aus, dass eine *Survival of the fittest*-Ideologie nicht dazu dienen kann, Maßnahmen zur Steigerung des Wohlergehens nichtmenschlicher Tiere zu kritisieren. Abgesehen davon ist diese Ideologie moralisch fragwürdig und vertritt man sie, sollte begründet werden können, warum man sie für nichtmenschliche Tiere, nicht jedoch für Menschen, akzeptiert. Akzeptiert man sie für beide, ist das zwar konsistent, jedoch moralisch unhaltbar.

leben? Erfordert eine Missachtung tierlicher Rechte gegebenenfalls militärische Interventionen? Wie sollte ein Transformationssystem aussehen, damit der Vorschlag etwas an tatsächlicher Umsetzbarkeit gewinnt? Es stellen sich ähnliche Fragen wie schon in Bezug auf die Einhaltung der Menschenrechte und noch etliche grundlegende darüber hinaus.

Dieser Ansatz bietet wie der von Palmer Anregungen, wie mit nichtmenschlichen Tieren umzugehen sein könnte, ohne dabei die wildlebenden Tiere zu vernachlässigen bzw. ihre Einbeziehung auf Fragen der Prädation zu verkürzen.

So zeigt sich, dass die Fragestellung nach dem moralisch gebotenen Umgang mit wildlebenden Tieren zunehmend differenziert(er) behandelt wird. Es zeigt sich aber auch, dass noch viele Fragen offen sind. Manchen sei in dieser Arbeit nun weiter nachgegangen.

4. Der Umgang mit invasiven Arten als konkreter Problemfall

Ein Themenfeld, welches auch Palmer mit ihren Beispielfällen nicht abdeckt, ist das der ‚invasiven Arten'. Der Umgang mit invasiven Arten ist im Naturschutz ein wichtiges und kontrovers diskutiertes Thema, das in dieser Arbeit aufgenommen werden soll, in der Hoffnung, zur Brückenbildung zwischen der (zum Teil berechtigten, zum Teil unnötig vertieften) Kluft zwischen der Tierrechts-/Tierbefreiungsbewegung und dem Naturschutz beitragen zu können. Palmers Ansatz soll zur ethischen Evaluation dieser Problematik herangezogen werden. Aus naturschutzfachlicher Perspektive existieren kaum Publikationen zu diesem Thema, die tierethische Belange adäquat berücksichtigen.Auch im tierethischen Diskurs wurde es bisher vernachlässigt. Dieser fokussierte bezüglich wildlebenden Tieren ohnehin bis in die jüngste Zeit auf die Thematik der Prädation (vgl. Kap. 3).

4.1 Begrifflichkeiten und Definition

Die Begriffsverwendung bei diesem Thema kann verwirren, da, wie Davis und Thompson (2000, 227) aufzeigen, oftmals unterschiedliche Begriffe angewandt werden um das Gleiche ausdrücken zu wollen. So werden häufig die Begriffe Neozoon; fremde, invasive, exotische, nichtheimische sowie eingeführte Art synonym verwendet. Ein Beispiel für einen unsauberen Umgang mit Begrifflichkeiten stellt Simberloffs Beitrag (2011) in einem Werk zur Naturschutzbiologie dar. Er definiert invasive Art zu Beginn seines Beitrags wie folgt:

> An invasive species is one that arrives (often with human assistance) in a habitat it had not previously occupied, then establishes a population and spreads autonomously. (ebd., 131)

In den darauffolgenden Ausführungen werden invasive Arten jedoch ausschließlich als großes Übel, das es um jeden Preis zu eliminieren gilt, dargestellt. Da Arten, die ein Habitat besiedeln, welches sie davor nicht besiedelt hatten, und dort eine Population etablieren, jedoch nicht zwangsläufig negative Einflüsse auf das Ökosystem, andere dort lebende Arten oder menschliche Interessen haben müssen, ist entweder Simberloffs Definition zu ungenau oder sein Beitrag zu undifferenziert.

Es sollte in jedem Fall zwischen den Begriffen *nichtheimisch* und *invasiv* unterschieden und sie differenziert verwendet werden, denn *invasiv* ist negativ konnotiert, *nichtheimisch* hingegen erst einmal neutral. Nichtheimisch bzw. exotisch, neu (Neozoon ist griechisch für ‚neues Tier') oder fremd gleichzusetzen mit etwas Unerwünschtem, das bekämpft werden muss, ist xenophob (vgl. Sagoff 1999, 4-5). Wie in Kapitel 4.2 dargestellt wird, können Neozoen durchaus auch Nutzen stiften und ob ihre Einflüsse negativ oder positiv zu bewerten sind, ist oftmals von den Interessen der Betrachterin oder des Betrachters abhängig.

Darauf weisen auch Lodge und Shrader-Frechette (2003) hin, wenn sie gleichzeitig die Kontexte von Sichtweisen sowie ein wichtiges Kriterium benennen:

> Nonindigenous species that spread and cause ecological or economic *harm* are called weeds by farmers and invasive species by ecologists. (ebd., 32, kursiv L.B.)

Dieses Kriterium, also das Verursachen von Schaden, liegt dem hier verwendeten Verständnis zu Grunde. Der Begriff *invasive Art* wird verwendet für *nichtheimische Arten, die ökologischen oder ökonomischen Schaden anrichten,* und um den Aspekt der *Schädigung aus ethischer* Sicht erweitert – da diese es ist, die im Folgenden vorrangig von Interesse sein wird.

Wie auch Lodge und Shrader-Frechette anmerken, impliziert diese Definition eine Wertung, da Bewertungen dahingehend, ob etwas ökologischen, ökonomischen oder ethischen Schaden anrichtet, immer Werturteile darstellen. Das kann als Problem einer solchen Definition angesehen werden, muss es aber nicht zwangsläufig, wenn man sich bei der Verwendung dieser implizierten Bewertung bewusst ist und damit getroffene Aussagen nicht als wertneutral darstellen möchte.

4.2 Positive und negative Auswirkungen

Simberloffs bereits genannter Beitrag (Simberloff 2011) zur Naturschutzbiologie ist charakteristisch für einen undifferenzierten Umgang mit Neozoen. Ein starker Kritikpunkt an seiner Herangehensweise ist neben der Undifferenziertheit die Ableitung normativer Forderungen aus deskriptiven Aussagen. Aus der bloßen Beschreibung, dass eine eingeführte Art andere in dem Ökosystem lebende Arten durch beispielsweise Prädation zum Aussterben oder an den Rand desselben gebracht hat – wie beispielsweise die Braune Nachtbaumnatter *Boiga irregularis* etliche heimische Vogelarten auf der Insel Guam (ebd., 136) – kann keine Wertung dieses Geschehnisses folgen. Das Gleiche gilt für die bloße Beschreibung, dass es zwischen invasiven Arten und ihren nahe verwandten heimischen Arten zur Hybridisierung kommen kann (ebd., 139). Formuliert man (Be)Wertungen, muss transparent gemacht werden, dass diese auf ethischen, ästhetischen, spirituellen, ökonomischen oder ähnlichen Grundlagen basieren, nicht auf biologischen oder ökologischen Befunden. Das versäumt Simberloff gänzlich, womit er keinen Einzelfall darstellt, da einige AutorInnen eben dieses Vorgehen bei ÖkologInnen in Bezug auf nichtheimische Arten bemängeln.

> When ecologists or others confuse normative judgments with descriptions of environmental change, the role of science in public policy development is compromised. (Lodge/Shrader-Frechette 2003, 32)

> Biological and ecological science, to some extend, can describe what may happen if non-native oysters, swans, and so on are allowed to prosper in the Chesapeake Bay, but these sciences cannot evaluate the results. [...] Ecology should not attempt to become a normative science. (Sagoff 1999, 10)

> The words 'good' and 'bad' constitute value judgements and so lie beyond the bounds of science. [...] Were exotic species to reduce diversity by 30%, no ecologist could test whether that loss of species would be a bad thing. (Rosenzweig 2001, 361)

Ein etwas differenzierterer Umgang mit dem Thema findet sich bei Holtmeier (2002), der sowohl die negativen als auch die positiven Auswirkungen nichtheimischer Arten darstellt sowie die in Deutschland durch diverse InteressensvertreterInnen geförderte Übertreibung hinsichtlich der negativen Folgen nichtheimischer Säugetierarten (ebd., 241-247). So zeigt Holtmeier auf, dass der ursprünglich aus Nordamerika stammende Bisam durch das Zurückdrängen des Rohrkolbens die Artenvielfalt in Deutschland erhöht und vom Ökologen Ellenberg sogar als Bereicherung der heimischen Fauna angesehen wurde, da er die Lücke zwischen der kleineren Schermaus und dem größeren Biber füllt (ebd., 244; 245). Auch stellt er eine etwas andere bzw. zusätzliche Sicht auf die Problematik der Verdrängung des in Europa heimischen roten Eichhörnchens durch das sich ausbreitende nichtheimische Grauhörnchen dar. So gibt es Anhaltspunkte dafür, dass der Rückgang des roten Eichhörnchens mit der Ausbreitung eines

Virus' zusammenhängt und „weniger eine Folge der interspezifischen Konkurrenz zwischen diesem und dem eingeführten Grauhörnchen ist" (ebd., 240, mit weiterer Literatur). Bei den Grauhörnchen bleibt eine Infektion mit dem Virus ohne Folgen, beim roten Eichhörnchen dagegen führt es zu einem Populationsrückgang. Wo das Virus nicht festgestellt wurde, teilen sich Grauhörnchen und rotes Eichhörnchen angeblich seit über 50 Jahren denselben Lebensraum (ebd., 241, mit weiterer Literatur).[94]

Diese Ausführungen sollen keineswegs grundsätzlich in Abrede stellen, dass nichtheimische Arten aus ethischer, ökologischer, ökonomischer oder auch ästhetischer oder spiritueller Sicht negativ zu bewertende Auswirkungen mit sich bringen können. Sie stellen aber die Einseitigkeiten mancher Publikationen zur Thematik nichtheimischer Arten in Frage, die auf Dualismen aufbauen, wie man sie in der Realität nicht findet. So implizieren Beiträge wie der Simberloffs (2011) Dualismen wie ‚heimisch – eingeführt' oder ‚indigen – exotisch', wobei heimisch und indigen als ‚gut' und eingeführt und exotisch als ‚schlecht' gelten (vgl. Shelton 2004).

Ob die Auswirkungen als negativ oder positiv angesehen werden, ist in vielen Fällen stark abhängig vom Blickwinkel.

> Different people, of course, will make such judgments differently, or at least weigh them differently against competing goals. What is harm for one person may be good for another. [...] In general, the pathways that move species among biogeographic regions within continents and that transport species among continents are often associated with economic activity and trade globalization that benefit millions worldwide. (Lodge/Shrader-Frechette 2003, 32)

Es liegen also auch hier häufig komplexe Problemfelder vor, da das, was die einen als ökologische Katastrophe bezeichnen, durchaus (zumindest kurzfristigen) ökonomischen Nutzen für andere bringen kann. Lodge und Shrader-Frechette (2003, 32) verweisen als Beispiel auf Fischerei-Management, welches weltweit zur Einführung nichtheimischer Fische geführt hat, wovon die jeweilige Lokalbevölkerung profitieren sollte.

94 Das Virus wurde zwar durch das Grauhörnchen eingebracht, wenn allerdings das Virus und nicht die interspezifische Konkurrenz zum Sterben der roten Eichhörnchen führt, sollte das andere Lösungswege aufweisen als das bisher übliche Töten der Grauhörnchen. Der Fokus sollte auf die Eliminierung des Virus' gelegt werden, dem gegenüber aus sentientistischer Sicht keine Pflichten zur Nicht-Schädigung bestehen wie sie gegenüber dem Grauhörnchen bestehen.

Bei Betrachtung des Themenkomplexes invasive Arten sollte die ethische Evaluierung daher Grundlage aller Maßnahmen sein. Es werden nicht nur tierethische Dilemmata aufgeworfen, sondern auch Fragen, die in den Bereich der Gerechtigkeit führen können (wenn es etwa um potentielle Verbesserung der Lebensbedingungen von Menschen im globalen Süden geht). Die tierethischen Probleme, die invasive Arten mit sich bringen können, sollen nun aufgezeigt werden.

4.3 Erweiterte Anwendung Palmers Ansatz auf die Problematik der invasiven Arten

4.3.1 Anwendungsbereich

Wie in Kapitel 3.2. aufgezeigt, bezieht Palmer (2010)[95] ihre Konzeption in erster Linie auf Säugetiere und Vögel, da bei diesen das Vorkommen der Befähigungen, die sie voraussetzt, relativ sicher auftreten, nämlich das Verspüren von Schmerz und aversiven Zuständen wie Bedürfnis-Frustration und Angst. Daher sollen an dieser Stelle nur der Umgang mit invasiven Säugern und Vögeln betrachtet werden.

Des Weiteren werden nur Fälle behandelt, die Konfliktfälle nach der in Kapitel 3.1.4 genannten Definition darstellen. Nach dem hier verwendeten Verständnis von Konfliktfall liegt ein solcher nur vor, wenn die ‚Parteien', deren Interessen betroffen sind, Individuen (oder Gruppen von Individuen) der Moralgemeinschaft sind. Auch wenn das nur einen geringen Teil der invasiven Arten ausmacht, so ist es dennoch der Teil, aus dem sich die (nach hier vertretenem Verständnis) Konfliktfälle ergeben. Bedroht beispielsweise eine invasive Pflanzenart das Überleben der Individuen einer Population wildlebender Tiere, indem sie die Nahrungspflanzen der nichtmenschlichen Tiere überwuchert und verdrängt, so stellt die Eliminierung der invasiven Pflanzenart kein (moralisches) Problem dar.

Handelt es sich dagegen um Individuen einer Säugetierart, die den Individuen einer anderen Säugetierart die Lebensgrundlage nimmt, so wäre eine ‚Eliminierung' ein moralisches Problem. In solchen Fällen liegen Konfliktfälle vor. Ebenso kann ein Konflikt bestehen, wenn eine invasive Säugetierart endemische Pflanzenarten an den Rand des Aussterbens füh-

95 Wenn im Folgenden von ‚Palmer' oder ‚Palmers (relationalem) Ansatz' die Rede ist, bezieht sich dies ausschließlich auf Palmer 2010.

ren, wie es z.B. der Fall ist mit Ziegen auf Neuseeland (Callicott 1988, 164). Jedoch besteht der Konfliktfall dann weder aus direkten Gründen den Pflanzen gegenüber, da Pflanzen kein Teil der Moralgemeinschaft sind, noch aus Gründen eines Eigenwerts von Artenvielfalt. Ganzheiten wie der biologischen Diversität unseres Planeten kommt kein Eigenwert zu, da dieser nur Individuen zukommen kann. Zudem ist Vielfalt an sich nicht zwangsläufig etwas Positives, weshalb der Begründungsversuch mit dem rein formalen Argument, die Vielfalt der Arten müsse erhalten bleiben, weil mehr Arten immer besser seien als weniger Arten, nicht stichhaltig ist (vgl. Ott 2007, 98). Stichhaltiger also solche, sich in diffuser Metaphysik verlierende Argumente, sind die, die vom Menschen und von nichtmenschlichen Tieren ausgehen. Die überzeugendsten Begründungen für einen Erhalt der Artenvielfalt sind sentientistische, weil sie nicht nur die Argumente einschließen, die aus tierethischer Sicht für den Erhalt bestimmter Arten sprechen, sondern auch die Vielzahl anthropozentrischer Gründe. Im Fall der Bedrohung einer heimischen Spezies durch eine invasive sowie im Fall der großflächigen Änderung eines Ökosystems, können also auch Mensch-nichtmenschliches Tier-Konfliktfälle vorliegen. Bei einer (großflächigen) Änderung eines Ökosystems durch eine invasive Säugetier- oder Vogelart sollte bei der Entwicklung und ethischen Evaluierung von ‚Gegenmaßnahmen' bewusst wahrgenommen werden, dass Beurteilungen über solch eine Veränderung wertend und nicht rein deskriptiv sind und dass es menschliche Maßstäbe sind, die angesetzt werden. Es kann eine Vielzahl anthropozentrischer Gründe dafür geben, die Degradation oder großflächige Änderung eines Ökosystems negativ zu bewerten – ökonomische, kulturelle, spirituelle, ästhetische. Es sollte aber nicht vergessen werden, dass es ein Konfliktfall zwischen Mensch und nichtmenschlichem Tier darstellt, nicht einen ‚Konfliktfall' zwischen Tier und Ökosystem.

4.3.2 Anwendung

Palmer unterscheidet zwischen negativen Pflichten (Nichtschädigungs-Pflichten) und positiven Pflichten (Hilfspflichten), die negativen Pflichten ergeben sich ihrem relationalen Ansatz gemäß aus Eigenschaften, die Hilfspflichten dagegen aus Kontexten. Das bedeutet, dass negative Pflichten gegenüber allen Individuen, denen gegenüber sie bestehen, gleich bestehen, Hilfspflichten dagegen in unterschiedlichem Maße.

In Konfliktfällen, die durch Invasionen nichtheimischer Arten auftreten können, bestehen sowohl negative Pflichten als auch Hilfspflichten. Negative Pflichten bestehen gegenüber den InvasorInnen sowie gegenüber den davon Betroffenen. Bei der ethischen Evaluierung eines solchen Konfliktfalles ist es wichtig, die negativen Pflichten gegenüber den Individuen der invasiven Art nicht zu marginalisieren. Die ‚klassische' Vorgehensweise in solchen Fällen ist es, die ‚Eindringlinge' wieder ausrotten zu wollen, was mit dem (möglichst vollständigen) Töten dieser nichtmenschlichen Tiere einhergeht.

Ebenso müssen aber auch die Hilfspflichten gegenüber den durch die InvasorInnen geschädigten Individuen betrachtet werden, sollten Hilfspflichten bestehen. Nach Palmers Ansatz besteht eine solche Beistandspflicht (mindestens) dann, wenn Menschen Schuld tragen am Auftreten der nichtheimischen Art im Lebensraum, den diese davor nicht besiedelt hat. Das ist äußerst wahrscheinlich. Obwohl Invasionen auch ohne menschliches Zutun vorkommen, übersteigen sowohl die Rate, wie häufig diese durch menschliche Einflüsse auftreten, als auch die Distanz der Strecken, die die InvasorInnen dabei zurücklegen, die natürliche Rate und Distanzen deutlich (Lodge/Shrader-Frechette 2003, 33). Weitere Beistandspflichten generierende Kontexte sind ebenfalls nicht auszuschließen.

Da negative Pflichten *generelle* Verpflichtungen darstellen, Beistandspflichten dagegen *spezielle*, ergibt es Sinn, die negativen Pflichten als vorrangig anzusehen. Das entspricht Palmers Vorgehensweise im Beispielfall der von einer Krankheit betroffenen Elch-Population (s.o. Kap. 3.2.9). Sie argumentiert dort, dass eine supererogatorische Handlung nicht ausreicht, um die prima facie Pflicht zur Nichtschädigung zu trumpfen. Folglich muss das Verletzen negativer Pflichten überzeugend begründet werden, wenn es nicht als unmoralisch gelten soll, und das gilt auch, wenn diese durch den Beistand für andere verletzt werden. Bezogen auf die Problematik der invasiven Spezies bedeutet das, dass in jedem Konfliktfall evaluiert werden muss, ob die Hilfspflichten, die gegenüber den geschädigten Individuen bestehen (so sie bestehen), geeignet sind, die Nichtschädigungs-Pflicht zu trumpfen.

Es scheint jedoch sinnvoll, die Pflichten gegenüber den vom Auftreten der invasiven Art negativ beeinflussten Individuen als *Wiedergutmachungspflichten* anzusehen, sofern das Vorkommen der InvasorInnen durch Menschen verschuldet ist. Gemäß Palmers Ansatz macht das keinen Unterschied, da sie Wiedergutmachungspflichten auch als Hilfspflichten kategorisiert. Wie in Kapitel 3.2.11 dargestellt, ist es jedoch passender,

Wiedergutmachungspflichten nicht als Pflichten zum Beistand anzusehen, sondern ebenfalls als negative Pflichten. Daraus ergibt sich im hier besprochenen Fall, dass sowohl gegenüber den InvasorInnen eine negative Pflicht besteht, die Pflicht zur Nicht-Schädigung, wie auch gegenüber den davon betroffenen (nichtmenschlichen oder menschlichen) Individuen eine negative Pflicht besteht, die Pflicht zur Wiedergutmachung vergangener Schädigungen. Diese vergangene Schädigung besteht im Einführen einer invasiven Art. Beide Pflichten sollten selbstverständlich ernst genommen werden.

In Fällen, in denen der Konflikt nur auf die Art und Weise gelöst werden kann, dass die invasive Spezies zahlenmäßig an Individuen reduziert werden muss, sollte die Wiedergutmachungspflicht wahrgenommen werden, selbst wenn die Form der Wiedergutmachung mit einer Schädigung anderer Individuen einhergeht. *Bei solchen Schädigungen sind aus tierethischer Sicht nichtletale Methoden jedoch nicht nur vorzuziehen, sondern moralisch gefordert.*

Wenn die Möglichkeit besteht, die sich etabliert habende Population der invasiven Art durch Kastration oder Sterilisation an der weiteren Fortpflanzung zu hindern, so ist dies moralisch geboten, nimmt man die Pflicht niemanden zu schädigen (und die Interessen nichtmenschlicher Tiere) ernst.[96] Dies gilt auch dann, wenn es verglichen mit Tötungsmethoden wie Vergiftung oder Abschuss einen monetären Mehraufwand bedeutet und ebenfalls, wenn es dadurch länger dauert, bis die Populationsgröße der InvasorInnen zurückgeht. Die laut Browne (1991) immer weiter verbreitete und öfter genutzte Option der empfängnisverhütenden Mittel für wildlebende Tiere wäre eine zusätzliche nichtletale Möglichkeit. Es ist jedoch abhängig von den zur Entwicklung derselben durchgeführten Tierversuche, ob dies eine Option darstellt, die aus tierethischer Sicht gefordert werden kann. Werden die einen nichtmenschlichen Tiere im Tierver-

96 Hiermit wird impliziert, dass das Getötet werden ein größeres Übel für ein Individuum darstellt als – ebenfalls bedeutende – Eingriffe wie Sterilisation/Kastration/Empfängnisverhütung. Der Vorwurf, damit würde eine anthropomorphe Sichtweise auf die nichtmenschliche Tierwelt übertragen werden, ist unangebracht. Im Gegenteil erscheint die Ansicht, der Sinn eines (nichtmenschlichen) Tierlebens bestehe nur darin, sich zu reproduzieren stark naturalistisch. Das führt in Forschungsgebiete, deren Betrachtung an dieser Stelle nicht abgedeckt werden kann und zu komplexen ethischen Fragen darüber, wann der Tod was für eine Form von Übel darstellt. Für weiterführende Literatur zu diesem Thema s. Lamont 1998 (mit weiterer Literatur) und Lamont 2003.

such großem Leid ausgesetzt (und eventuell getötet), um anderen nicht-menschlichen Tieren große Leiden (und die Tötung) zu ersparen, ist dies keine moralisch gebotene Lösung, sondern ersetzt (öffentlich) sichtbareres Leiden durch das unsichtbar(er)e in den Laboren.

Im Fall einer invasiven Vogelart besteht zudem die Option, sie an weiterer Fortpflanzung zu hindern, indem die Eier durch beispielsweise Toneier ersetzt werden, die der Vogel weiter bebrütet, oder die Eier durch heftiges Schütteln zu ‚verderben' (Sagoff 1999, 1).

Bestehen keine nicht-letalen Möglichkeiten zur Populationsreduktion, stößt die Tierethikposition, die hier vertreten wird, auf ein so starkes Dilemma, dass sie an ihre Grenzen kommt. Hier unterscheidet sich die hier vertretene Auffassung, zu den in Kapitel 3.2.11 aufgeführten Punkten hinzukommend, von Palmers Ansatz. Ihre Vorschläge mit dem Dilemma umzugehen, werden nun geprüft und aufgezeigt, warum sie nicht überzeugend scheinen.

Das in Kapitel 3.2.9 aufgeführte Beispiel der Elch-Population, die von einer durch Menschen verschuldeten Krankheit betroffen sind, lässt sich als analog zum hier behandelten Problem sehen. Ist das Vorkommen der InvasorInnen durch Menschen verursacht und liegt ein Konfliktfall vor, so werden unausweichlich, egal wie gehandelt wird, Individuen auf irgendeine Art und Weise durch Menschen geschädigt. Die einen durch das menschliche Verschulden der Einbringung einer invasiven Spezies, die anderen durch direkte Tötung. Palmer schlägt in solch einem Fall die Anwendung Regans *miniride principle* (s.o. Kap. 2.3.1) vor. Dieses lässt sich nur anwenden, wenn die Schädigung, die ohnehin auftreten wird, für die betroffenen ‚Parteien' vergleichbar ist. Das Töten nichtmenschlicher Tiere aus rein ästhetischen Gründen, wenn beispielsweise der in Deutschland eingeführte Bisam durch seinen Verbiss die, als hübsch anzusehen geltende, Weiße Seerose zurückdrängt (Holtmeier 2002, 242), ließe sich damit also nicht rechtfertigen. Bedeutet die Schädigung jedoch auch für die von den InvasorInnen negativ Betroffenen den Tod oder mindestens existentielle Gefährdungen, wie sie auftreten können, wenn ein_e LandwirtIn regelmäßig große Teile der Ernte einbüßen muss und sie_er den Lebensunterhalt darauf aufbaut, so ist das Prinzip nach Regan anwendbar.[97]

97 Ähnlich argumentiert auch Varner (2003), TierrechtsaktivistInnen könnten die ‚therapeutische' Jagd befürworten, also Jagd aus Gründen um das Wohl einer gesamten Spezies zu sichern bzw. die Integrität des Ökosystems, in dem diese lebt (Varner 2003, 98). Solche Gründe können bezüglich invasiver Arten vorliegen,

Von Regans *miniride principle* ausgehend ergibt es Sinn, Palmers Anwendung dieses Prinzips zu akzeptieren. Es ist jedoch zweifelhaft, dass Regans *miniride principle* so ohne große Vorbehalte annehmbar ist, da es im menschlichen Fall nicht moralisch gerechtfertigt scheint, die Tötung weniger zur Wahrung der Rechte vieler zu fordern.[98] Hält man das im menschlichen Fall für nicht akzeptabel, kann man es aus einer egalitär sentientistischen Position auch nicht für nichtmenschliche Tiere fordern.

Bei einem Konfliktfall zwischen nichtmenschlichen Tieren einer invasiv gewordenen Spezies und denen, die dadurch negativ beeinflusst werden, bestehen allen Individuen gegenüber *negative Pflichten*, sofern Menschen die Schuld am Vorhandensein der invasiven Art tragen. Im Fall der ersten eine Pflicht zur Nicht-Schädigung, im Fall der letzteren Wiedergutmachungspflichten. Negative Pflichten sind gemäß Palmers relationalem Ansatz (auf dem hier zu weiten Teilen aufgebaut wird) nicht kontextbezogen, bestehen somit allen empfindungsfähigen Lebewesen gegenüber

---

wenn man gewillt ist, Ökosystemintegrität oder das Wohl einer gesamten Spezies (statt der Einzelindividuen, die zur Art gehören) als Gründe anzuerkennen, die einen Konfliktfall generieren. Die meisten EthikerInnen, die eine sentientistische Position vertreten, werden das nicht tun. Dazu, dass es keinen Sinn ergibt vom ‚Wohl einer Spezies' zu sprechen s. Jamieson 1995, 72. Auch wenn Varner (2003) gewiss einen löblichen Beitrag dazu leistet, die Kluft zwischen TierethikerInnen und (holistischen) NaturschutzethikerInnen zu verkleinern, so scheint er mit seiner Begründung, dass auch Tierrechts-EthikerInnen die ‚therapeutische' Jagd (per Definition abgegrenzt von Subsistenzjagd und Trophäen- bzw. Sportjagd) befürworten müssen, einen wichtigen Punkt zu übersehen. Regans Einführung des *miniride principles* basiert darauf, dass so wenige *Individualrechte* wie möglich gebrochen werden müssen, nicht auf dem Wohl von Ganzheiten. In der Praxis mag das häufig keinen Unterschied machen, in der Theorie dafür einen großen. Aus einer Tierrechtsperspektive muss ‚therapeutische' Jagd folglich auf eine Weise definiert werden, die auf das Wohl von Individuen fokussiert, nicht auf das Wohl gesamter Arten bzw. Ökosystemintegrität, *wenn sie vertretbar sein soll.* Das versäumt Varner. Seine Darlegung, dass ‚therapeutische' Jagd, wie er sie definiert, für hedonistisch utilitaristische TierethikerInnen akzeptabel sein sollte, solange keine nicht-letalen Optionen bestehen (ebd., 104), scheint dagegen plausibel.

98 Zumal an dieser Stelle fraglich ist, ob das Prinzip wirklich zum Tragen kommen würde, selbst wenn man es akzeptiert. Es muss nicht der Fall sein, dass durch die Verletzung der Rechte *weniger* (in diesem Fall einem Töten weniger Individuen der invasiven Säugetier- oder Vogelart) die Gewährleistung der Rechte *vieler* (das Überleben vieler Individuen der durch die InvasorInnen bedrohten heimischen Säugetier- oder Vogelart) gegeben ist. Es könnte der Fall sein, dass genauso viele Individuen der invasiven Art getötet werden müssen, um die gleiche Anzahl an Individuen der heimischen Art zu ‚retten'.

gleich (wobei sie auf Säuger und Vögel fokussiert). Zu begründen zu versuchen, es bestünden nur den Betroffenen gegenüber Pflichten, ist nicht akzeptabel, da Menschen auch Schuld am ‚Schicksal' der InvasorInnen tragen. Auch sie sind Lebewesen, die Teil der Moralgemeinschaft sind, daher kann mit ihnen nicht vollkommen unachtsam umgegangen werden – auch nicht, wenn sie konträr zu den Interessen stehen, die von gewissen InteressensvertreterInnen für bedeutender gehalten werden. „We should recognize that there are moral constraints on what we can do to animals even in the pursuit of worthy goals." (Jamieson 1995, 71)

Das kontextsensitive Argument der Nähe kann nur bezogen auf Hilfspflichten überzeugen. Bestehen den Individuen gegenüber negative Pflichten, ist es gemäß der in Kapitel 2.3.1 geforderten Anwendung nicht umsetzbar. Eine Möglichkeit den Pflichten beiden ‚Parteien' gegenüber nachzukommen, stellt die Populationsreduktion der InvasorInnen durch nichtletale Maßnahmen dar. Besteht die Option dafür nicht und wäre eine Populationsreduktion nur durch tödliche Maßnahmen umsetzbar, liegt nach dem hier vertretenen Ansatz ein nicht zu lösendes Dilemma der Tierethik vor.[99] Zwei potentielle Einwände zu dieser Sichtweise sollen im Folgenden kurz beleuchtet werden.

Ein Einwand könnte sein, dass das Einführen der invasiven Art absichtlich gewesen sein muss, damit Menschen für deren ‚Schicksal' verantwortlich gemacht werden können. Dies ist nicht überzeugend. Überzeugender scheint das von Palmer aufgeführte Beispiel, dass es auch dann moralisch verwerflich ist, in einer Spielstraße rasant Auto zu fahren, wenn dabei kein Schaden entsteht (s.o. Kap. 3.2.7), da man um die hohe Wahrscheinlichkeit der Schadenszufügung weiß. So verhält es sich auch beim

99 Aus einer klassisch utilitaristischen Position dagegen könnte man zu einer Lösung kommen, abhängig davon, mit welchen Maßnahmen die maximale Menge an Freude erzeugt bzw. an Leid verhindert werden kann. Ein_e graduelle_r SentientistIn kann in den Fällen, in denen ein Konflikt zwischen Mensch und invasiver Art vorliegt, also wenn beispielsweise kulturelle, ökonomische oder emotionale menschliche Interessen dafür sprechen, die heimische Art (oder auch ein Ökosystem) vor der invasiven Art zu bewahren, zu einer Lösung kommen, da menschliche Interessen a priori höher wiegen als die anderer Säuger oder Vögel, unabhängig davon, wie grundlegend sie sind. Wie in Kapitel 2.3.3 dargelegt, stößt in Wolfs (2012) Ansatz die Moral bei den Auswirkungen der Zivilisation auf Tierindividuen an ihre Grenzen. Da das Einführen invasiv werdender Spezies auch als eine Auswirkung der Zivilisation gesehen werden kann, wird hier eine ähnliche Grenze wie bei Wolf angenommen.

Einführen fremder Arten in einen Lebensraum. Es muss damit nicht zwingend eine Schädigung hervorgerufen werden (s. Holtmeier 2002, 240), dass die Möglichkeit besteht und die Folgen oftmals nicht vorhersehbar sind, ist jedoch inzwischen ausreichend bekannt. Ebenso sind die Wege, auf denen InvasorInnen von einem Ort zum anderen gelangen, bekannt, so dass Präventionsmaßnahmen möglich sind und es in den seltensten Fällen gerechtfertigt scheint, auf ein Nichtwissen zu verweisen. Gerade bei den hier behandelten Säugetieren und Vögeln ist ein unwissentliches Einführen äußerst unwahrscheinlich. Die Säugetierart, die wohl unter den Säugetieren als ‚klassischer Invasor' (gebräuchlicher ist die aus tierethischer Perspektive unzulässige Bezeichnung ‚Pest') gilt, das Wildkaninchen, wurde in Australien als Nahrungsmittel ausgesetzt (Holtmeier 2003, 220). Etliche nichtheimische Säugetiere wurden und werden in verschiedenen Ländern in Pelzzuchten gehalten, aus denen manche gelegentlich entkommen (das gilt für Waschbären, Amerikanische Nerze und Nutrias) oder sie werden ihres Pelzes wegen ausgesetzt, wie z.B. der Marderhund, der sein besonders dichtes, von Menschen begehrtes, Fell nur im Winter in der ‚freien Wildbahn' entwickelt (Riechelmann 2011, 26).[100] Diese Beispiele zeigen zum einen die nicht zu leugnende Verantwortlichkeit der Menschen für das Einbringen dieser nichtmenschlichen Tiere in für sie neue Lebensräume und zum anderen die trivialen und aus sentientistischer Perspektive moralisch fragwürdigen Gründe, für die sie eingeführt wurden. Ähnlich fragwürdig sind häufig die Gründe für das Einführen nichtheimischer Vö-

100 Die hier als ‚Pelzlieferanten' aufgeführten Neozoen haben in Deutschland inzwischen stabile Populationen etabliert, sind aber nicht als invasiv gemäß der unter 4.1 genannten Definition zu bewerten (Holtmeier 2002, 241, 245). Dennoch ist gewissen Interessengruppen daran gelegen, die Bevölkerung in einem anderen Glauben zu lassen und diese nichtmenschlichen Tiere einseitig als ‚skrupellose Räuber' (Waschbären, Amerikanische Nerze und Marderhunde) oder ‚gefährliche Untergräber' (Nutria) darzustellen (vgl. ebd., 241; 245-247). Damit soll nicht ignoriert werden, dass Nutrias, vor allem durch Verbiss und ihre Baue, durchaus Konfliktfälle zwischen Nutria und Mensch hervorrufen sowie die sich räuberisch ernährenden Hundeartigen (Waschbär, Amerikanischer Nerz und Marderhund) die typischen Konfliktfälle hervorrufen, die jeder Prädator generiert. Es soll nur darauf aufmerksam gemacht werden, dass bezüglich der als negativ bewerteten Einflüsse zum Teil stark übertrieben wird, die ‚Fremdartigkeit' dieser nichtmenschlichen Tiere als Vorwand genutzt wird, um ihren Abschuss befürwortet zu bekommen und dabei deskriptive und normative Aussagen oftmals vermischt werden.

gel, wenn diese als zusätzliches ‚Abschussobjekt' für die Jagd eingebracht werden (vgl. Riechelmann 2011, 22).

Ein weiterer Einwand könnte der sein, dass Maßnahmen der Sterilisation/Kastration/Empfängnisverhütung unzulässige Eingriffe in die Natur seien. Solch ein Einwand ist nicht stichhaltig. Es müsste begründet werden, warum Eingriffe in die Natur moralisch verwerflich sind. Das ist äußerst schwierig, wenn man einen trumpfenden Wert von Wildnis nicht akzeptiert. Akzeptiert man ihn, müssen konsequenterweise auch Eingriffe zum Arten- und Ökosystemschutz abgelehnt werden sowie Eingriffe zum Wohl von Menschen. Eingriffe zum Wohl von Menschen zu akzeptieren, zum Wohl anderer Tiere aber a priori abzulehnen, ist aus (egalitär) sentientistischer Perspektive ebenso unhaltbar wie ein trumpfender Wert von Wildnis. Zudem wäre es nicht schlüssig, in Sterilisation/Kastration/Empfängnisverhütung unhaltbare Eingriffe zu sehen, im Abschießen nichtmenschlicher Tiere dagegen nicht. Letzteres stellt ebenso einen Eingriff dar, sowohl grundlegend in das Leben des nichtmenschlichen Tieres, als auch in ‚die Natur', da eine Definition von Natur, die wildlebende Tiere als Bestandteil von Natur ausschließt, kaum sinnvoll erscheinen kann, und ebenso wenig eine Definition von Natur, die zwar Arten einschließt, nicht jedoch die einzelnen Individuen der jeweiligen Arten. So ist es auch problematisch, invasive Arten als ‚unnatürlich' aus dem zu schützenden ‚natürlichen Ökosystem' heraus zu definieren. Shelton (2004) führt AutorInnen an, die so vorgehen und postulieren:

"Introduced animals represent a deadly threat to the *natural* ecosystem of the islands." (Schoenherr et al. 1999, zitiert nach Shelton 2004, kursiv Shelton) Wenn nichtmenschliche Tiere in einem Ökosystem eine Population etabliert haben, können Gründe, inklusive ökologischer, aufgeführt werden, warum das aus *menschlicher* Perspektive als negativ zu bewerten sei; Tiere, die sich in einem Ökosystem etabliert haben, aber schlicht als *unnatürlich* zu bezeichnen, wirkt unreflektiert.

Tragen Menschen nicht die Schuld am Vorkommen der invasiven Art, haben die Individuen dieser Spezies den neuen Lebensraum also von sich aus, bzw. durch natürliche Vorkommnisse wie sehr starke Winde, besiedelt, so bestehen den betroffenen Individuen gegenüber keine Wiedergutmachungspflichten. Ihnen gegenüber besteht die Pflicht zur Nichtschädigung sowie eventuell Hilfspflichten. Geschädigt werden sie nicht nach der unter Kapitel 3.2 genannten Definition, da eine Handlung durch eine_n moralische_n AkteurIn ausgeführt werden muss, um eine Schädigung darzustellen. Invasive nichtmenschliche Tiere sind keine moralischen AkteurInnen. Den InvasorInnen gegenüber besteht ebenfalls eine Pflicht zur Nicht-Schädigung.

Es gilt zu evaluieren, ob den Betroffenen gegenüber Hilfspflichten bestehen. Ist dies der Fall, gilt es weiter zu untersuchen, ob diese Hilfspflichten geeignet sind, die gegenüber den InvasorInnen bestehenden Nichtschädigungs-Pflichten zu trumpfen. Nach Palmer müssten sich die Betroffenen in der Kontaktzone befinden, damit Beistandspflichten bestehen.[101] Sind die Betroffenen menschlicher Natur, bestehen also in jedem Fall Hilfspflichten, es gilt dann zu evaluieren, wie grundlegend die menschlichen Interessen sind, die beeinträchtigt werden – ob sie existentiell genug sind, um einen Trumpf darzustellen oder nicht. Stellen sie einen Trumpf dar, sind in jedem Fall nicht-letale Maßnahmen im Umgang mit den InvasorInnen gefordert, so sie bestehen.

Bei nichtmenschlichen Tieren ist es von der Definition von Kontaktzone abhängig, ab wann sie in derselben betrachtet werden. Wie bereits in Kapitel 3.2.9 aufgeführt, mangelt es bei Palmer an einer ausreichenden Definition. Nimmt man (wie in Kapitel 3.2.11 in Erwägung gezogen) an, dass allen nichtmenschlichen Tieren gegenüber Hilfspflichten bestehen, so nicht die genannten Punkte dagegen sprechen, gilt es zu evaluieren, ob im Konfliktfall mit den InvasorInnen einer der Punkte gegen das Vorliegen einer Hilfspflicht spricht. So muss a) die Möglichkeit zur Hilfe bestehen (inklusive der Voraussetzung, dass es die helfende Person nicht überfordert), b) die Hilfe auch wirklich Hilfe für das Individuum darstellen, c) der_die HelferIn sich damit nicht selbst in Lebensgefahr bringen müssen und d) nicht andere moralisch relevante Gründe gegen den Beistand sprechen (dass damit z.B. keinem anderen Individuum Schaden zugefügt wird). Da im Fall von Beistand gegen InvasorInnen dieser Beistand immer mit einer irgendwie gearteten Schädigung der InvasorInnen verbunden ist, fallen die Evaluation, ob eine Hilfspflicht vorliegt und ob diese einen Trumpf über die Nichtschädigungs-Pflicht darstellt, gewissermaßen zusammen. Ein Argument, dass eine Schädigung der InvasorInnen zu Gunsten der betroffenen Individuen rechtfertigt, muss überzeugend sein. Dass die eine Art heimisch und die andere Art fremd ist, sollte kein Argument darstellen, da das eine xenophob anmutende Begründung wäre (vgl. Sagoff 1999, 4). Zudem ist dies vom Zeitrahmen abhängig, da viele der bei-

---

101 Die anderen Kontexte, aus denen sich nach Palmer Hilfspflichten ergeben (vgl. Kap. 3.2), lassen sich hier ausschließen.

spielsweise heute in Deutschland heimisch anmutenden nichtmenschlichen Tiere mal ‚fremd' in deutschen Ökosystemen waren, wie z.B. die Hausmaus, die Wanderratte, das Wildkaninchen oder der Gemeine Steinbock (Holtmeier 2002, 240). Es ergibt Sinn zu sagen, dass in dem Fall, dass die invasive Art ohne menschliches Zutun ihren Weg in den neuen Lebensraum gefunden hat, die gleichen Maßstäbe angesetzt werden müssen, wie wenn es sich um zwei nicht-invasive Spezies handeln würde. Im Fall von Prädation würden folglich keine Hilfspflichten bestehen (vgl. Kap. 3.2.9.2).

Generell lässt sich festhalten, dass es von Fall zu Fall unterschiedlich sein kann, wie sich der moralisch richtige Umgang mit InvasorInnen bzw. den durch sie beeinträchtigen Individuen gestaltet. Dies ist kein Nachteil, sondern wird der komplexen Realität gerecht. Da es sich bei Maßnahmen des Umgangs mit invasiven Spezies meist um naturschutzpolitische Maßnahmen handelt, kann man einen reflektierten Umgang mit der Situation erwarten und sollten ad hoc Problemlösungsvorschläge ohnehin kritisch hinterfragt werden.

Ein grundlegendes Problem in den Argumentationen etlicher holistischer NaturschutztheoretikerInnen sowie mancher TierethikerInnen ist, dass sie, ungeachtet ihrer (ethisch) holistischen[102] oder tierethischen Begründungsansätze an Menschen vollkommen andere Maßstäbe anlegen als an nichtmenschliche Tiere.[103] Aus einer egalitär sentientistischen Perspektive im Sinn der gleichen Berücksichtigung der Interessen muss jedoch gefordert werden, dass die Interessen nichtmenschlicher Tiere ernst genommen werden. Sie ernst zu nehmen bedeutet, in Konfliktfällen zwischen Mensch und nichtmenschlichem Tier abzuwägen, welche Interessen wie stark gewichtet werden sollten und nicht von vornherein die (eventuell weniger grundlegenden) Interessen der Menschen immer stärker zu gewichten. Im Fall invasiver Arten, die durch ihre Ausbreitung im neuen Le-

---

102 Für die Unterscheidung zwischen ethischem und praktischem Holismus s. Ott 2003, 141. SentientistInnen können ohne Weiteres einen praktischen Holismus vertreten.

103 Für Positionen, in denen Ganzheiten einen Eigenwert zugesprochen und das Töten nichtmenschlicher Tiere zum Schutz von Ökosystemen gefordert wird, s. Callicott 1988, 169 und Norton 1995, 106. Diese anderen Maßstäbe an nichtmenschliche Tiere anzusetzen als an Menschen scheint Rolston zu umgehen, indem er (konsequenterweise) nicht nur ein Töten nichtmenschlicher Tiere, sondern auch das Sterben-Lassen von Menschen fordert um beispielsweise Arten zu schützen (Rolston 2007).

bensraum andere Arten an den Rand des Aussterbens bringen, sollte akzeptiert werden, dass dort ein Konfliktfall zwischen dem menschlichen Wunsch, diese Spezies zu schützen und den InvasorInnen besteht, also ein Mensch-nichtmenschliches Tier-Konflikt, kein nichtmenschliches Tier-Spezies-‚Konflikt' (vgl. Jamieson 1995, 72). Das Gleiche gilt im Fall einer durch InvasorInnen verursachten Ökosystemdegradation. Aus (ethisch) holistischen Naturschutztheorien geht nicht automatisch hervor, warum es gerechtfertigt ist, an Menschen andere Maßstäbe anzusetzen als an nichtmenschliche Tiere, eine Begründung dafür ist also nötig. (Ethische) HolistInnen grenzen sich dadurch, dass Ökosystemen und Arten ein Eigenwert zugesprochen wird, deutlich vom Anthropozentrismus ab, der nur Menschen einen intrinsischen Wert zuerkennt. Wieso soll es aber dann akzeptabel sein, bei Menschen vollkommen andere Maßstäbe anzusetzen als bei nichtmenschlichen Tieren? Das ist inkonsequent, wenn keine überzeugende Begründung für eine Andersbehandlung von Menschen erbracht wird.[104] Wenn NaturschutztheoretikerInnen das Töten nichtmenschlicher Tiere aus Gründen des Arten- oder Ökosystemschutz fordern, nicht jedoch (womit sie natürlich richtig liegen) das Töten von Menschen, so muss überzeugend begründet werden, warum diese Differenz gemacht wird: "It behoves the conservationist to explain why the taking of non-human life is to be so very differently regarded to the taking of human life." (Aitken 1997, 445) Das sollte auch (ethisch) holistisch argumentierenden NaturschützerInnen am Herzen liegen, wollen sie in ihrer Argumentation konsequent bleiben und auf misanthrope Forderungen[105] verzichten.

4.4 Fazit

Hier werden nun die wichtigsten Schlussfolgerungen zum Problemfeld der invasiven Arten zusammengetragen. Konfliktfälle bestehen gemäß der in den Kapiteln 3.1.4 und 4.3 genannten Definition nur zwischen Individuen, die Teil der Moralgemeinschaft sind. Sich ändernde Ökosysteme, zerstörte Naturgebiete oder das Aussterben von Arten werden aus den verschiedensten Gründen von Menschen als negativ *bewertet*, daher können diese

104 Vgl. Aitken 1997, 445; Jamieson 1995, 72 und Horta 2010a, 85.

105 Misanthrope Forderungen vertritt beispielsweise Linkola 2009. Als durchaus misantroph kann auch Rolstons Bezeichnung von Menschen als Zellen eines Krebsgeschwürs gesehen werden (Rolston 2007).

Ereignisse Konfliktfälle generieren. Besteht ein Konfliktfall zwischen den Individuen einer invasiv gewordenen Spezies und anderen (menschlichen oder nichtmenschlichen) Individuen und ist dieser nur dadurch zu lösen, dass die Individuenzahl der InvasorInnen reduziert werden muss, so sind nicht-letale Maßnamen moralisch geboten, sofern sie bestehen.[106] Sollten diese nicht bestehen und haben Menschen, absichtlich oder nur durch mangelnde Vorsicht, Schuld am Vorkommen der invasiven Art in einem Lebensraum, den diese davor nicht besiedelt hat, stößt die in dieser Arbeit vertretene tierethische Position aus oben genannten Gründen an ihre Grenze. Das geht über eine Anwendung Palmers relationalen Ansatzes hinaus, da sie in solch einem Fall Regans *miniride principle* anwenden würde und damit einen Lösungsweg aufzeigt.

Zentral für eine adäquate Evaluation eines solchen Konfliktfalls ist die strikte Trennung zwischen deskriptiven und normativen Aussagen. Sollen Handlungsoptionen aufgezeigt werden, dürfen nicht aus bloßen deskriptiven Aussagen normative Folgerungen gezogen werden, es bedarf für normative Appelle *Argumente*. EthikerInnen müssen bei Entscheidungsfindungen in Naturschutzfragen *im selben Maße* einbezogen werden wie ÖkologInnen oder BiologInnen, da Naturschutzfragen – als solche wird die Frage nach einem moralisch angemessenen Umgang mit InvasorInnen auch gesehen – zum Teil komplexe ethische Fragestellungen beinhalten, die mit naturwissenschaftlichen Methoden nicht beantwortet werden können. Tritt man mit derartigen Themen an die Öffentlichkeit, muss auch für ‚Laien' stets deutlich sein, wo etwas auf ökologischen Untersuchungen beruht, also rein deskriptiv ist, und wo eine Bewertung impliziert ist. Um es mit Jamieson auszudrücken:

> These conflicts can not be resolved by technocratical appeals to economics, management or science. *We are all going to have to become philosophers.* (Jamieson 1995, 73, kursiv L.B.)

---

106 Die Forderung nach empfängnisverhütenden Mitteln für wildlebende Tiere wird einigen Menschen vielleicht kontraintuitiv erscheinen, viele werden sie vermutlich nicht als ernst zu nehmen betrachten oder sie bietet zumindest Anlass zum Schmunzeln. Dies kann daran liegen, dass in zahlreichen Ländern dieser Erde nichtmenschliche Tiere nach wie vor in großem Maßstab als Ressource betrachtet werden, ihre Interessen also schlicht nicht ernst genommen werden und es ‚normaler' scheint, sie zu töten als sich mit Maßnahmen wie der Empfängnisverhütung darum zu bemühen, sie trotz bestehenden Konfliktfällen am Leben zu lassen.

Das mag trivial klingen, ist es aber mitnichten in Anbetracht des momentanen Umgangs mit Individuen invasiver Arten. Der bevorzugt praktizierte Umgang, die Tötung, basiert zum einen auf äußerst fragwürdigen Begründungen, wie dem unter Kapitel 4.2 aufgeführten, häufig begangenen Fehler der Mischung deskriptiver und normativer Aussagen. Zum anderen basiert er auf dem in der Naturschutzbiologie und Ökologie vorhandenen Usus, von der notwendigen und unumgänglichen ‚Eliminierung' und ‚Ausmerzung' fremder nichtmenschlicher Tiere oder der ‚biologischen Reinigung' von Ökosystemen von sogenannten Pest-Spezies zu sprechen (vgl. Simberloff 2011, 145-148 und Holtmeier 2002, 215). Dieser Usus ist moralisch unreflektiert. Es betrifft empfindungsfähige Lebewesen, die in den meisten Fällen zudem von Menschen erst in die Lage gebracht wurden, zu VerursacherInnen eines Konflikts zu werden. An dieser Stelle kann wieder auf Palmers Ansatz zurückgekommen werden, mit dem in unklaren Fällen, in denen eine moralisch richtige Lösung zum Umgang mit nichtmenschlichen Tieren nicht auf der Hand liegt, gefragt werden muss, wie viel und welcher Einfluss des Menschen dahinter steckt. Dann erst kann entschieden werden, welche Maßnahmen anzuwenden sind. Den menschlichen Einfluss als sehr bedeutend anzuerkennen, ist einer von mehreren Gründen, weshalb eine Tierethikposition wie die Palmers auch eine geeignete Naturschutzethik-Position darstellt. Das soll im nächsten und letzten Kapitel dieser Arbeit näher beleuchtet werden. Das letzte Wort des jetzigen sei, dass es selbst in den meisten Konfliktfällen etliche Lösungen gibt um den Konflikt zu entschärfen, die ein ‚invasives' Tierindividuum nicht das Leben kosten, und dass es moralisch geboten ist, solche weiter auszuloten.

5. Sentientistische Naturschutzethik

Anfang der 1980er Jahre wurde ein unüberbrückbarer Graben zwischen Tier- und Umweltethik angenommen (Jamieson, 1998, 44), zu dessen Entstehung Baird Callicott mit seinem Aufsatz *Animal Liberation. A Triangular Affair* (1980) einen maßgeblichen Teil beigetragen hat. Diese ‚unüberbrückbare' Kluft zu akzeptieren, ist so wenig plausibel, dass selbst Callicott ein paar Jahre später seine Position modifiziert und auf die überlappenden Anliegen der beiden Bereichsethiken hingewiesen hat (Callicott 1988, 163), ohne dabei allerdings von seiner Ansicht abzuweichen, Ganzheiten hätten einen Eigenwert, der den Wert von Individuen trumpfen könne. Wie Jamieson (1998) überzeugend darlegt, und wie bereits in Kapitel 1 beschrieben, ist die Tierethik eine Umweltethik und es bestehen genauso große Differenzen innerhalb der beiden Bewegungen, wie zwischen ihnen. Da die Tierethik eine Form der Umweltethik ist, kann sie als Grundlage für eine Naturschutzethik dienen, wie das auch ein reflektierter Anthropozentrismus kann, dessen Begründungsmöglichkeiten für die Bewahrung ‚der Natur' weitreichend sind (s.o. Kap. 4.3.1), und biozentrische und holistische Ansätze ebenfalls. Auf Grund von Argumenten, die im Lauf der Arbeit genannt wurden, wird hier die Überzeugung vertreten, dass sentientistische Begründungsansätze die überzeugendste Grundlage für Naturschutztheorie und -praxis bieten.

Ein zentraler Grund hierfür ist, dass Ganzheiten wie Ökosystemen, Arten oder Gemeinschaften sowie Prozessen wie der Evolution kein intrinsischer Wert zukommt, weshalb holistische Ansätze, die einen Eigenwert sowohl von Individuen, als auch von Ganzheiten annehmen, nicht überzeugend sind. Anthropozentrische Positionen dagegen greifen zu kurz. Auch wenn der Schutz von und Respekt vor nichtmenschlichen Tieren auch auf indirekte Weise durch anthropozentrische Argumente begründet werden könnten, sehe ich das als unzulänglich an, da es nicht einem Menschen gegenüber falsch ist, ‚ihren'/‚seinen' Hund zu schlagen, sondern *dem Hund gegenüber* sowie es nicht (nur) falsch ist einen Tiger zu töten, weil Menschen es z.B. bedauerlich finden würden, wenn die Art *Panthera tigris* aussterben würde, oder weil es schädlich für den Charakter eines Menschen sein kann, nichtmenschliche Tiere zu töten, sondern weil es *dem Tigerindividuum gegenüber* falsch ist.

Zudem folgen aus einer sentientistischen Position keine kontraintuitiven Konsequenzen wie etwa, dass in jede Form der Prädation eingegriffen werden sollte, oder dass Präventivmaßnahmen ausgeführt werden sollten, um Leiden nichtmenschlicher Tiere vorzubeugen, die durch natürliche Umstände entstehen könnten. Ebenso folgt aus einer solchen Position nicht, dass kein Ökosystem- oder Artenschutz mehr betrieben werden sollte. Es bestehen ausreichend sentientistische Begründungen dafür, die auch die anthropozentrischen Gründe umfassen.

Nimmt man den Sentientismus als Grundlage für eine Naturschutzethik, so kann, wie schon mit rein anthropozentrischen Argumenten, der Schutz eines Großteils der belebten und unbelebten Natur der Erde begründet werden. Es besteht kein Grund für Bedenken, der Schutz ‚der Natur' könne nicht umfassend genug sein. Das gilt auch für den Artenschutz. Es bestehen eudaimonistische, ökonomische, lebenserhaltende, wissenschaftliche, spirituelle, ästhetische (und weitere) anthropozentrische Argumente sowie das Habitatsargument, das aus der Tierethik folgt (vgl. Ott 2007, 110-118). Letzteres stellt das Argument der Angewiesenheit auf den Lebensraum dar, im Falle einiger Arten eine Angewiesenheit auf einen intakten Lebensraum, wie z.B. bei Auerhühnern, die sehr unflexibel sind, sich an andere Waldformen als lichte, stufige, nadelbaumreiche Wälder anzupassen. Im Falle anderer Spezies besteht eine Angewiesenheit auf einen sehr großen Lebensraum, z.B. bei Grizzlybären. Zudem benötigen nichtmenschliche Tiere weitere Lebensgrundlagen wie Nahrung, wobei viele Arten vom Vorkommen bestimmter anderer Arten als Nahrungsmittel abhängig sind. Ein klassisches Beispiel hierfür ist der Große Panda, dessen Hauptnahrungsquelle Bambus darstellt. Abhängigkeiten bestehen auch bei Symbiosen zwischen den Individuen verschiedener Spezies, wenngleich in unterschiedlicher Notwenigkeit, was die alleinige Überlebenschance der PartnerInnen betrifft. Ein Beispiel für eine Symbiose bei Säugertieren sind die Colibakterien im menschlichen und tierlichen Darm. Dies soll vor Augen führen, dass mit Argumenten der Angewiesenheit nichtmenschlicher Tiere auf ihre Habitate und auf andere Arten alle Ökosysteme und vermutlich die überwiegende Mehrheit der Arten schützenswert sind. Bei den Arten, bei denen (noch) nicht bekannt ist, ob andere (empfindungsfähige) Individuen auf sie angewiesen sind, sollte das Gebot der Vorsicht gelten, da ein ‚zu viel an Schutz' einem ‚zu wenig an Schutz' vorzuziehen ist. Folglich sind der Wert der belebten und unbelebten Natur sowie der Wert von Arten aus sentientistischer Perspektive als hoch einzuschätzen, auch wenn ihnen kein intrinsischer Wert zukommt, der sie zu einem Teil der Moralgemeinschaft machen würde.

Mit einer Anwendung von Palmers (2010) relationalem Ansatz wird durch das Bestehen von Wiedergutmachungspflichten gegenüber nichtmenschlichen Tieren nicht nur ein Schutz ihrer Habitate gefordert, sondern ebenfalls eine Restauration derselben, jedenfalls in dem Umfang, in dem durch eine Habitatwiederherstellung nicht die Gefahr besteht, neue Wiedergutmachungspflichten zu generieren. Durch die Forderung, in den Fällen, in denen eine Habitatrestauration nicht ohne Weiteres durchgeführt werden kann, müsse ein Miteinander- und Nebeneinander-Leben von Mensch und nichtmenschlichem Tier bestehen, die nichtmenschlichen Nachbarn folglich toleriert und akzeptiert statt bekämpft werden, fordert Palmer ein Umdenken in Bezug auf die tierliche Mitwelt. Solch ein Umdenken kann gewiss auch der nicht-tierlichen Mit- und Umwelt zu Gute kommen.

Die Tierethik stellt also nicht nur eine Form der Umweltethik dar. Gewisse Tierethikpositionen können darüber hinaus die überzeugendste Grundlage für eine Naturschutzethik bieten.

Mit dieser Arbeit sollte gezeigt werden, dass die Forderung nach Hilfspflichten gegenüber nichtmenschlichen Tieren nicht absurd ist und nicht zu kontraintuitiven Konsequenzen führen muss. So ist beispielsweise ein Eingreifen in Prädation in den meisten Fällen nicht gefordert, mit Ausnahme der Prädation karnivorer ‚Haustiere' – in solchen Fällen sollte durchaus interveniert werden. Auch gilt es, Präventions- von Hilfspflichten zu unterscheiden. Es besteht keine Pflicht, in jedem harten Winter Schutzhütten für wildlebende Tiere zu errichten, begegnet man dagegen einem fast erfrorenen Wildkaninchen, so besteht eine Pflicht diesem zu helfen, sofern keiner der in Kapitel 3.2.11 genannten Punkte dagegen spricht. Zieht man Kontexte als Bestimmungskriterium dafür heran, wie Hilfspflichten auszusehen haben, so impliziert dies in einigen Fällen eine Ungleichbehandlung domestizierter und wildlebender Tiere. Da nur Hilfspflichten bestimmt werden müssen, Nichtschädigungspflichten dagegen nicht, ist eine solche *Ungleichbehandlung nur in Bezug auf positive Pflichten zulässig, nicht jedoch bezüglich negativer Pflichten.* Pflichten, die nach der hier vertretenen Auffassung auch zu den negativen zählen, sind Wiedergutmachungspflichten. Diese können gegenüber allen nichtmenschlichen Tieren bestehen, in der Praxis werden sie sich aber vor allem auf wildlebende Tiere beschränken, da Wiedergutmachungspflichten implizit ist, dass die Schädigung in der Gegenwart beendet ist und es die Folgen der Schädigung sind, die sich negativ auswirken.

Mit dieser Arbeit wurden bezüglich des moralisch richtigen Umgangs mit wildlebenden Tieren für die praktische Anwendung gewiss mindestens so viele Fragen aufgeworfen, wie beantwortet. Dies stellt kein Manko dar, da es bei sehr komplexen Fragestellungen schwer möglich ist, auf alle Konfliktfälle, die theoretisch auftreten könnten, befriedigende Lösungswege aufzeigen zu können, will man die Problemfälle nicht verkürzt und unterkomplex abhandeln.[107] Den aufgeworfenen Fragen und Forschungsdesideraten sollte weiter nachgegangen werden, um Antworten darauf zu finden und Forschungslücken zu schließen.

Zu einem Ausräumen aller Konfliktfälle wird es auch dabei vermutlich nicht kommen und dies sollte auch nicht zwangsläufig angestrebt werden. Bestehende Konflikte müssen nicht zwingend als negativ anzusehen sein, denn „der Traum einer Welt ohne Konflikte ist der Traum einer Welt, in der ein Set an Werten andere Werte dominiert und somit für deren Ausschluss sorgt“ (Jamieson 1995, 69, Übers. L.B.). Diese Aussage trifft jedoch nur auf ‚tatsächliche Konfliktfälle‘ zu, also auf Konfliktfälle, in denen die gefährdeten Interessen der betroffenen Individuen (oder Gruppen an Individuen) vergleichbar sind. Stehen für eine betroffene Partei grundlegende Interessen auf dem Spiel, die an Luxusgütern orientierten Interessen der anderen Partei geopfert werden sollen, kann und muss durchaus ein Umdenken und eine Abkehr von gewissen (fraglichen) Werten gefordert werden. Ob ein solches Umdenken bezüglich der Behandlung von wildlebenden Tieren unabhängig von einem Umdenken im Umgang mit domestizierten Tieren stattfinden kann, wird sich zeigen. Aus tierethischer Perspektive ist ohnehin ein umfassendes Umdenken, gewissermaßen ein Paradigmenwechsel, bezüglich des Umgangs mit allen nichtmenschlichen Tieren gefordert; wildlebend, domestiziert sowie in der Kontaktzone.

107 Vgl. das – auch hier äußerst passende – Bild der Ping-Pong-Bälle, die es unter Wasser zu halten gilt in Ott 2003, 124: „Jeder Ping-Pong-Ball an der [Wasser]Oberfläche kommt einer Konsequenz gleich, die man gerne vermeiden möchte. Sobald der Ethiker einige seiner Bälle (einigermaßen) sicher zu haben glaubt, gerät ein anderer außer Kontrolle und flutscht an die Oberfläche.“ Hat man mit einer plausiblen Begründung das eine tierethische Dilemma ‚unter Wasser gebracht‘, kann sich sofort an anderer Stelle ein anderes auftun, das, eben noch unter Wasser, dann an ‚die Wasseroberfläche flutscht‘.

6. Literatur

Adams, Carol J. (1996): Caring about Suffering. A Feminist Exploration. In: Josephine Donovan; Carol Adams (Hg.): Beyond animal rights. A feminist caring ethic for the treatment of animals. New York, London: Continuum; Cassell, S. 170-196.

Adams, Carol J. (2002): Zum Verzehr bestimmt. Eine feministisch-vegetarische Theorie. Wien, Mülheim an der Ruhr: Guthmann-Peterson.

Aitken, Gill (1997): Conservation and Individual Worth. In: Environmental Values 6 (4), S. 439-454.

Allen, Colin (2004): Animal Pain. In: *Nous* 38 (4), S. 617-643.

Anderson, Elizabeth (2004): Animal Rights and the Values of Nonhuman Life. In: Cass R. Sunstein; Martha C. Nussbaum (Hg.): Animal rights. Current debates and new directions. Oxford, New York: Oxford University Press, S. 277-298.

Balzer, Philipp; Rippe, Klaus Peter; Schaber, Peter (2008): Menschenwürde versus Würde der Kreatur. In: Ursula Wolf (Hg.): Texte zur Tierethik. Stuttgart: Reclam, S. 61-72.

Bekoff, Marc; Pierce, Jessica (2009): Wild Justice. The Moral Lifes of Animals. Chicago: University of Chicago Press.

Benatar, David (2001): Why the Naive Argument against Moral Vegetarianism Really is Naive. In: Environmental Values 10 (1), S. 103-112.

Birnbacher, Dieter (1991): „Natur" als Maßstab menschlichen Handelns. In: *Zeitschrift für Philosophische Forschung* 45 (1), S. 60-76.

Bossert, Leonie (2014): Tierethik. Die verschiedenen Positionen und ihre Auswirkungen auf die Mensch- nichtmenschliches Tier- Beziehung, In: Voget-Kleschin, Lieske; Bossert, Leonie; Ott, Konrad (Hg.): Nachhaltige Lebensstile – Welchen Beitrag kann ein bewusster Fleischkonsum zu mehr Naturschutz, Klimaschutz und Gesundheit leisten?, Marburg: Metropolis, S. 32-57.

Bossert, Leonie (2015a): Nichtmenschliche Tiere als moralisch Handelnde? Eine kritische Reflexion der Argumente von Bekoff/Pierce und Rowlands. In: Chimaira (Hg.): Handeln Tiere? Theorien und Konzepte tierlicher Agency (Arbeitstitel), Bielefeld: Transcript, in Vorbereitung.

Bossert, Leonie (2015b): Tierschutz (Arbeitstitel). In: Ott, Konrad; Voget-Kleschin, Lieske; Dierks, Jan (Hg.): Handbuch Umweltethik. Stuttgart: Metzler, in Vorbereitung.

Boscardin, Livia; Bossert, Leonie (2015): Sustainable Development and Nonhuman Animals: Why anthropocentric concepts of Sustainability are outdated and need to be extended, In: Meisch, Simon; Lundershausen, Johannes; Bossert, Leonie; Rockoff, Marcus (Hg.): Ethics of Science in the Research for Sustainable Development, Baden-Baden: Nomos, in Vorbereitung.

Budiansky, Stephen (1994): The covenant of the wild. Why animals chose domestication. Ist ed. London: Weidenfeld & Nicolson.

Bulliet, Richard W. (2005): Hunters, herders, and hamburgers. The past and future of human-animal relationships. New York: Columbia University Press.

Callicott, J.Baird (1980): Animal Liberation A Triangular Affair. In: *Environmental Ethics* 2 (4), S. 311-338.

Callicott, J.Baird (1988): Animal Liberation and Environmental Ethics: Back Together Again. In: *Between the Species*, S. 163-169.

Callicott, J.Baird (1997): Die begrifflichen Grundlagen der land ethics. In: Angelika Krebs (Hg.): Naturethik. Grundtexte der gegenwärtigen tier- und ökoethischen Diskussion. 1. Aufl. Frankfurt am Main: Suhrkamp (Suhrkamp-Taschenbuch Wissenschaft, 1262), S. 211-246.

Caney, Simon (2006): Environmental Degradation, Reparations, and the Moral Significance of History. In: *J Social Philosophy* 37 (3), S. 464-482.

Cassidy, Rebecca (2007): Introduction. In: Rebecca Cassidy; Molly H. Mullin (Hg.): Where the wild things are now. Domestication reconsidered. Oxford: Berg, S. 1-26.

Clutton-Brock, Juliet (1994): The Unnatural World. In: Aubrey Manning; James Serpell (Hg.): Animals and human society. Changing perspectives. London, New York: Routledge, S. 23-35.

Cohen, Carl (2007): Haben Tiere Rechte? In: Interdisziplinäre Arbeitsgemeinschaft Tierethik (Hg.): Tierrechte. Eine interdisziplinäre Herausforderung. 1. Aufl. Erlangen: Fischer, S. 89-104.

Cohen, Carl; Regan, Tom (2001): The animal rights debate. Lanham: Rowman & Littlefield Publishers.

Cowen, Tyler (2003): Policing nature. In: *Environmental Ethics* 25 (2), S. 169.182.

Curtin, Deane (1996): Toward an Ecological Ethic of Care. In: Josephine Donovan; Carol Adams (Hg.): Beyond animal rights. A feminist caring ethic for the treatment of animals. New York, London: Continuum; Cassell, S. 60-76.

Davis, M. A.; Thompson, K. (2000): Eight Ways to be a Colonizer; Two Ways to be an Invader: A Proposed Nomenclature Scheme for Invasion Ecology. In: *Bulletin of the Ecological Society of America* (81), S. 226-230.

DeGrazia, David (1996): Taking animals seriously. Mental life and moral status. Cambridge;, New York: Cambridge University Press.

DeGrazia, David (2002): Animal rights. A very short introduction. Oxford: Oxford University Press.

DeGrazia, David (2003): Carl Cohen and Tom Regan, The Animal Rights Debate: The Animal Rights Debate. In: *ETHICS* 113 (3), S. 692-695.

DeGrazia, David; Rowan, Andrew (1991): Pain, suffering, and anxiety in animals and humans. In: *Theoretical Medicine Bioethics* 12 (3), S. 193-211.

Donaldson, Sue; Kymlicka, Will (2011): Zoopolis. A political theory of animal rights. Oxford, New York: Oxford University Press.

Donovan, Josephine (2008): Aufmerksamkeit für das Leiden. Mitgefühl als Grundlage der moralischen Behandlung von Tieren. In: Ursula Wolf (Hg.): Texte zur Tierethik. Stuttgart: Reclam, S. 105-120.

Everett, Jennifer (2001): Environmental Ethics, Animal Welfarism, and the Problem of Predation: A Bambi Lover's Respect For Nature. In: *Ethics & the Environment* 6 (1), S. 42-67.

Fink, Charles K. (2005): The Predation Argument. In: *Between the Species* 13 (5), S. 1-16.

Francione, Gary L. (2000): Introduction to animal rights. Your child or the dog? Philadelphia: Temple University Press.

Francis, Leslie Pickering; Norman, Richard (1978): Some Animals are More Equal Than Others. In: *Philosophy* 53 (206), S. 507-527.

Frey, Raymond G. (2007): Moral Standing, the Values of Lives, and Speciesism. In: Hugh LaFollette (Hg.): Ethics in practice. An anthology. Malden, MA: Blackwell, S. 192-204.

Füßler, Claudia (2012): Das Schwein weiß um sein Ich. In: ZEIT ONLINE, 5.6.2012. Online verfügbar unter http://www.zeit.de/wissen/umwelt/2012-05/unterschaetztes-tier-schwein, zuletzt geprüft am 13.10.2014.

Gilligan, Carol (1988): Die andere Stimme. Lebenskonflikte und Moral der Frau. München; Zürich: Piper.

Gullo, Andrea; Lassiter, Unna; Wolch, Jennifer R. (1998): The Cougar's Tale. In: Jennifer R. Wolch; Jody Emel (Hg.): Animal geographies. Place, politics, and identity in the nature-culture borderlands. London, New York: Verso, S. 139-161.

Hadley, John (2006): The Duty to Aid Nonhuman Animals in Dire Need. In: *Journal of Applied Philosophy* 23 (4), S. 445-451.

Hettinger, Ned (1994): Valuing Predation in Rolston's Environmental Ethics. Bambi Lovers versus Tree Huggers. In: *Environmental Ethics* 16, S. 3-20.

Holtmeier, Friedrich-Karl (2002): Tiere in der Landschaft. Einfluss und ökologische Bedeutung. Stuttgart: Ulmer.

Horta, Oscar (2010a): Debunking the idyllic view of natural processes: Population dynamics and suffering in the wild. In: *Télos* 17, S. 73-88.

Horta, Oscar (2010b): The Ethics of the Ecology of Fear against the Nonspeciesist Paradigm: A Shift in the Aims of Intervention in Nature. In: *Between the Species* 13 (10), S. 163-187.

Hursthouse, Rosalind (2007): Virtue Theory. In: Hugh LaFollette (Hg.): Ethics in practice. An anthology. Malden, MA: Blackwell, S. 45-55.

Hursthouse, Rosalind (2011): Virtue Ethics and the Treatment of Animals. In: Tom L. Beauchamp; R. G. Frey (Hg.): The Oxford handbook of animal ethics. Oxford, New York: Oxford University Press, S. 119-143.

Jamieson, Dale (1998): Animal Liberation is an Environmental Ethic. In: *Environmental Values* 7 (1), S. 41-57.

Jamieson, Dale (1990): Rights, Justice, and Duties to Provde Assistance: A Critique of Regan's Theory of Rights. In: *Ethics* 100 (2), S. 349-362.

Jamieson, Dale (1995): Wildlife Conservation and Individual Animal Welfare. In: Bryan G. Norton; Michael Hutchins; Elizabeth F. Stevens; Terry L. Maple (Hg.): Ethics on the ark. Zoos, animal welfare, and wildlife conservation. Washington, [D.C.]: Smithsonian Inst. Press, S. 69-73.

Katz, Eric (1983): Is There a Place for Animals in the Moral Consideration of Nature? In: *Ethics and Animals* 4 (3), S. 74-87.

Kirkpatrick, J. F.; Turner, J. W., JR; Liu, I. K.; Fayrer-Hosken, R. (1996): Applications of pig zona pellucida immunocontraception to wildlife fertility control. In: *Journal of Reproduction and Fertility Supplement* 50, S. 183-189.

Kirkwood, J. K.; Sainsbury, A. W. (1996): Ethics of Interventions for the Welfare of Free-living Wild Animals. In: *Animal Welfare* 5 (3), S. 235-243.

Korsgaard, Christine (2004): Fellow Creatures: Kantian Ethics and Our Duties to Animals. In: Grethe Peterson (Hg.): The Tanner Lectures on Human Values. Salt Lake City: University of Utah Press (25/26), S. 79-110.

Kukathas, Chandran (2006): Who? Whom? Reparations and the Problem of Agency. In: *Journal of Social Philosophy* 37 (3), S. 330-341.

Lamont, Julian (1998): A solution to the puzzle of when death harms its victims. In: *Australasian Journal of Philosophy* 76 (2), S. 198-212.

Lamont, Julian (2003): More solutions to the puzzle of when death harms its victims? In: Charles Tandy (Hg.): Death and Anti-Death Volume 1 One Hundred Years after N.F. Federov (1829-1903). California: Ria University Press, S. 377-396.

Linkola, Pentti (2009): Can life prevail? A revolutionary approach to the environmental crisis. London: Arktos.

Lodge, David M.; Shrader-Frechette, Kristin (2003): Nonindigenous Species: Ecological Explanation, Environmental Ethics, and Public Policy. In: *Conservation Biology* 17 (1), S. 31-37.

Luke, Brian (1996): Justice, Caring and Animal Liberation. In: Josephine Donovan; Carol Adams (Hg.): Beyond animal rights. A feminist caring ethic for the treatment of animals. New York, London: Continuum; Cassell, S. 77-102.

MacClellan, Joel (2011): Recreating Eden?: Natural Evil And Environmental Ethics. Online verfügbar unter http://macclellan.net/wp-content/uploads/2011/10/JPM-Writing.Sample-Recreating.Eden_.pdf.

MacKinnon, Catharine (2004): Of Mice and Men. A Feminist Fragment on Animal Rights. In: Cass R. Sunstein; Martha C. Nussbaum (Hg.): Animal rights. Current debates and new directions. Oxford; New York: Oxford University Press, S. 263-376.

Maurizi, Marco (2005): Nine Theses on Speciesism. Online verfügbar unter http://apesfromutopia.blogspot.de/2011/03/nine-theses-on-speciesism.html, zuletzt geprüft am 13.10.2014.

McMahan, Jeff (2010): The Meat Eaters. Online verfügbar unter http://opinionator.blogs.nytimes.com/2010/09/19/the-meat-eaters/.

Meyer, Lukas H. (2006): Reparations and Symbolic Restitution. In: *Journal of Social Philosophy* 37 (3), S. 406-422.

Michelfelder, Diane P. (2003): Valuing Wildlife Populations in Urban Environments. In: *Journal of Social Philosophy* 34 (1), S. 79-90.

Milburn, Josh (2014): Not only humans eat meat: Animal politics and carnivorous companions, Veröffentlichung in Arbeit.

Narveson, Jan (2003): We Don't Owe Them A Thing! A tough-minded but soft-hearted view of aid to the faraway needy. In: *Monist* 86, S. 419-433.

Norton, Bryan G. (1995): Caring For Nature: A Broader Look At Animal Stewardship. In: Bryan G. Norton; Michael Hutchins; Elizabeth F. Stevens; Terry L. Maple (Hg.): Ethics on the ark. Zoos, animal welfare, and wildlife conservation. Washington, [D.C.]: Smithsonian Inst. Press, S. 102-121.

Norton, Bryan G.; Hutchins, Michael; Stevens, Elizabeth F.; Maple, Terry L. (Hg.) (1995): Ethics on the ark. Zoos, animal welfare, and wildlife conservation. Washington, [D.C.]: Smithsonian Inst. Press.

Nozick, Robert (1974): Anarchy, state, and utopia. New York: Basic Books.

Nussbaum, Martha C. (2000): Symposium on Cosmopolitanism Duties of Justice, Duties of Material Aid: Cicero's Problematic Legacy. In: *Journal for Political Philosophy* 8 (2), S. 176-206.

Nussbaum, Martha C. (2004): Beyond "Compassion and Humanity". In: Cass R. Sunstein; Martha C. Nussbaum (Hg.): Animal rights. Current debates and new directions. Oxford; New York: Oxford University Press, S. 299-320.

Nussbaum, Martha C. (2010): Die Grenzen der Gerechtigkeit. Behinderung, Nationalität und Spezieszugehörigkeit. Berlin: Suhrkamp.

Nussbaum, Martha C. (2011): The Capabilities Approach and Animal Entitlements. In: Tom L. Beauchamp; R. G. Frey (Hg.): The Oxford handbook of animal ethics. Oxford, New York: Oxford University Press, S. 228-251.

Ott, Konrad (2003): Zum Verhältnis von Tier- und Naturschutz. In: Andreas Brenner (Hg.): Tiere beschreiben. Erlangen: Fischer, S. 124-152.

Ott, Konrad (2005): Moralbegründungen zur Einführung. Hamburg: Junius.

Ott, Konrad (2007): Zur ethischen Begründung des Schutzes von Biodiversität. In: Bundesamt für Naturschutz (Hg.): Biodiversität – Schlüsselbegriff des Naturschutzes im 21.Jahrhundert? Erweiterte Ergebnisdokumente einer Vilmer Sommerakademie. Unter Mitarbeit von Thomas Potthast. Bonn; Bad Godesberg, S. 89-124.

Ott, Konrad (2008): A Modest Proposal about How to Proceed in Order to Solve the Problem of Inherent Moral Value in Nature. In: Laura Westra; Klaus Bosselmann; Richard Westra (Hg.): Reconciling human existence with ecological integrity. Science, ethics, economics and law. London: Earthscan, S. 39-59.

Ott, Konrad (2010): Umweltethik zur Einführung. Hamburg: Junius.

Palmer, Clare (1997): The Idea of the Domesticated Animal Contract. In: *Environmental Values* 6 (4), S. 411-425.

Palmer, Clare (2003): Placing Animals in Urban Environmental Ethics. In: *Journal of Social Philosophy* 34 (1), S. 64-78.

Palmer, Clare (2010): Animal ethics in context. New York: Columbia University Press.

Palmer, Clare (2011): The Moral Relevance of the Distinction between Domesticated and Wild Animals. In: Tom L. Beauchamp; R. G. Frey (Hg.): The Oxford handbook of animal ethics. Oxford, New York: Oxford University Press, S. 701-725.

Pearce, David (2009): Blueprint for a Cruelty-Free: Reprogramming Predators. The Abolitionist Project. Online verfügbar unter http://abolitionist.com/reprogramming/index.html, zuletzt geprüft am 13.10.2014.

Platz, Jeppe von; Reidy, David A. (2006): The Structural Diversity of Historical Injustices. In: *Journal of Social Philosophy* 37 (3), S. 360-376.

Pluhar, Evelyn B. (1995): Beyond prejudice. The moral significance of human and nonhuman animals. Durham: Duke University Press.

Pogge, Thomas (2007): Eradicating systematic poverty. In: Hugh LaFollette (Hg.): Ethics in practice. An anthology. Malden, MA: Blackwell, S. 633-646.

Rachels, James (2004): Drawing Lines. In: Cass R. Sunstein; Martha C. Nussbaum (Hg.): Animal rights. Current debates and new directions. Oxford; New York: Oxford University Press, S. 162-174.

Raterman, Ty (2008): An Environmentalist's Lament on Predation. In: *Environmental Ethics* 30, S. 417-434.

Regan, Tom (1986): In Sachen Rechte der Tiere. In: Peter Singer (Hg.): Verteidigt die Tiere. Überlegungen für eine neue Menschlichkeit. Wien: Neff, S. 28-47.

Regan, Tom (2001): Defending animal rights. Urbana: University of Illinois Press.

Regan, Tom (2003): Animal Rights: What's in a Name? In: Andrew Light und Holmes Rolston (Hg.): Environmental ethics. An anthology. Malden, MA: Blackwell, S. 65-73.

Regan, Tom (2004): The case for animal rights. Berkeley: University of California Press.

Regan, Tom (2007): Die Tierrechtsdebatte. In: Interdisziplinäre Arbeitsgemeinschaft Tierethik (Hg.): Tierrechte. Eine interdisziplinäre Herausforderung. Erlangen: Fischer, S. 71-88.

Riechelmann, Cord (2011): Exoten auf dem Vormarsch. Die neuen Deutschen. In: *ZOON* (6), S. 16-27.

Rollin, Bernard E. (2006): Animal rights & human morality. Amherst, N.Y: Prometheus Books.

Rolston, Holmes (2007): Feeding People versus Saving Nature. In: Hugh LaFollette (Hg.): Ethics in practice. An anthology. Malden, MA: Blackwell, S. 647-656.

Rosenzweig, Michael L. (2001): The four questions: What does the introduction of exotic species do to diversity? In: *Evolutionary Ecology Research* (3), S. 361-367.

Ryder, Richard D. (2010): Speciesism Again: the original leaflet. In: *Critical Society* (2).

Sagoff, Mark (1984): Animal Liberation and Environmental Ethics: Bad Marriage, Quick Divorce. In: *Osgoode Hall Law Journal* 22, S. 297-307.

Sagoff, Mark (1999): What's Wrong with Exotic Species? Institute for Philosophy and Public Policy. School of Public Affairs. University of Maryland. Online verfügbar unter https://scholar.vt.edu/access/content/user/hullrb/PUBLIC/sagoffexotic-species.pdf, zuletzt geprüft am 13.10.2014.

Sapontzis, Steve (1984): Predation. In: *Ethics and Animals* 5 (2), S. 27-38.

Sapontzis, Steve (1988): Speciesism. In: *Between the Species* 4 (2).

Sapontzis, Steve (2008): Die Anwendung des Begriffs der Rechte auf Tiere. In: Ursula Wolf (Hg.): Texte zur Tierethik. Stuttgart: Reclam, S. 73-77.

Sapontzis, Steve F. (1987): Morals, reason, and animals. Philadelphia: Temple University Press.

Schäfer-Bossert, Stefanie; Bossert, Leonie (2012): Über Anthropozentrismus, Speziezismus und die Würde der Kreatur. In: Stefanie Schäfer-Bossert; Elisabeth Hartlieb (Hg.): Feministische Theologie – Politische Theologie. Entwicklungen und Perspektiven. Sulzbach/Taunus: Helmer, S. 197-218.

Scheffler, Samuel (1997): Relationships and Responsibilities. In: *Philosophy & Public Affairs* 26 (3), S. 189-209.

Schopenhauer, Arthur (1977): Preisschrift über die Grundlage der Moral. Einmalige Sonderausgabe. Herrsching: Pawlak.

Schroth, Jörg (2001): Die Universalisierbarkeit moralischer Urteile. Paderborn: Mentis.

Shelton, Jo-Ann (2004): Killing Animal That Don't Fit In: Moral Dimensions of Habitat Restoration. In: *Between the Species* 4.

Simberloff, Daniel (2011): Invasive Species. In: Navjot S. Sodhi; Paul R. Ehrlich (Hg.): Conservation biology for all. Oxford, New York: Oxford University Press (Oxford biology), S. 131-152.

Simmons, Aaron (2009): Animals, Predators, the Right to Life, and the Duty to Save Lives. In: *Ethics & the Environment* 14 (1), S. 15-27.

Singer, Marcus G. (1965): Negative and positive duties. In: *Philosophical Quarterly* 15 (59), S. 97-103.

Singer, Peter (1972): Famine, Affluence, and Morality. In: *Philosophy & Public Affairs* 1 (3), S. 229-243.

Singer, Peter (1980): Utilitarianism and Vegetarianism. In: *Philosophy & Public Affairs* 9 (4), S. 325-337.

Singer, Peter (Hg.) (1986): Verteidigt die Tiere. Überlegungen für eine neue Menschlichkeit. Wien: Neff.

Singer, Peter (1987): Animal Liberation or Animal Rights? In: *The Monist* 70 (1), S. 3-14.

Singer, Peter (1994): Praktische Ethik. Stuttgart: Reclam.

Singer, Peter (1996): Animal liberation. Die Befreiung der Tiere. Reinbek bei Hamburg: Rowohlt.

Singer, Peter (2003): Not for Humans Only: The Place of Nunhumans in Environmental Issues. In: Andrew Light; Holmes Rolston (Hg.): Environmental ethics. An anthology. Malden, MA: Blackwell, S. 55-64.

Singer, Peter (2004): Ethics beyond Species and beyond Instincts: A Response to Richard Posner. In: Cass R. Sunstein; Martha C. Nussbaum (Hg.): Animal rights. Current debates and new directions. Oxford; New York: Oxford University Press, S. 78-92.

Slote, Michael A. (2007): The ethics of care and empathy. London, New York: Routledge.

Sommer, Volker (2012): Menschenaffen wie wir. Zum Verhältnis von "Mensch" und "Tier" aus evolutionsbiologischer Perspektive. Lust- und leidfähige Kreaturen oder seelenlose Automaten? Warum wir über die Würde und Eigenrechte der Tiere neu nachdenken müssen. Evangelische Akademie in Hessen und Nassau e.V. Evangelische Akademie Arnoldshain. Schmitten/Taunus, 30.11.2012.

Sunstein, Cass R. (2004): Can Animals Sue? In: Cass R. Sunstein; Martha C. Nussbaum (Hg.): Animal rights. Current debates and new directions. Oxford; New York: Oxford University Press, S. 251-262.

Teutsch, Gotthard (2008): Die „Würde der Kreatur". In: Ursula Wolf (Hg.): Texte zur Tierethik. Stuttgart: Reclam, S. 56-60.

TIERethik (Hg.) (2011): Tierwürde. Unter Mitarbeit von Edition ALTEX: Monsenstein Und Vannerdat.

Unger, Peter (1996): Living high and letting die. Our illusion of innocence. Oxford: Oxford University Press.

Varner, Gary E. (2003): Can Animal Rights Activists be Environmentalists? In: Andrew Light; Holmes Rolston (Hg.): Environmental ethics. An anthology. Malden, MA: Blackwell, S. 95-113.

Voget-Kleschin, Lieske (2012): Sustainable food consumption? Claims for sustainable lifestyles in between normative and eudaimonistic issues. The example of food production and consumption. Dissertation. Universität Greifswald.

Wachtendorf, Thomas (2004): Die Würde des Menschen. Ontologischer Anspruch, praktische Verwendung und lebensweltliche Notwendigkeit. Marburg: Tectum.

Wenar, Leif (2006): Reparations for the Future. In: *Journal of Social Philosophy* 37 (3), S. 396-405.

Wild, Markus (2012): Fische. Kognition, Bewusstsein und Schmerz. Eine philosophische Perspektive. Bern: EKAH.

Wolf, Jean-Claude (2003): Interspezies-Unparteilichkeit? Kritische Rückfragen. In: Andreas Brenner (Hg.): Tiere beschreiben. Erlangen: Fischer, S. 192-207.

Wolf, Jean-Claude (2005): Tierethik. Neue Perspektiven für Menschen und Tiere. Erlangen: Fischer.

Wolf, Jean-Claude (2009): Eine Ethik der natürlichen Sympathie. In: Carola Otterstedt (Hg.): Gefährten – Konkurrenten – Verwandte. Die Mensch-Tier-Beziehung im wissenschaftlichen Diskurs. Göttingen: Vandenhoeck und Ruprecht, S. 348-367.

Wolf, Ursula (2004): Das Tier in der Moral. Frankfurt am Main: Klostermann.

Wolf, Ursula (2008): Die Mensch-Tier-Beziehung und ihre Ethik. In: Ursula Wolf (Hg.): Texte zur Tierethik. Stuttgart: Reclam, S. 170-192.

Wolf, Ursula (2012): Die Ethik der Mensch-Tier-Beziehung. Frankfurt am Main: Klostermann, Vittorio.

FSC
www.fsc.org
MIX
Papier | Fördert gute Waldnutzung
FSC® C083411

Kolibri 360 GmbH
Ferdinand-Jühlke-Straße 7
99095 Erfurt, Deutschland
produktsicherheit@kolibri360.de